出众，
从改变习惯开始

[德] **马克·列克劳**（Marc Reklau） 著
陈玉嫦 译

北京联合出版公司
Beijing United Publishing Co.,Ltd.

图书在版编目（CIP）数据

出众，从改变习惯开始 /（德）马克·列克劳著；陈玉嫦译 . -- 北京：北京联合出版公司，2019.5（2021.2 重印）
ISBN 978-7-5596-3142-8

Ⅰ . ①出… Ⅱ . ①马… ②陈… Ⅲ . ①成功心理—通俗读物 Ⅳ . ① B848.4-49

中国版本图书馆 CIP 数据核字 (2019) 第 066961 号

北京市版权局著作权合同登记　图字：01-2019-2506

Translated and published by Beijing Standway Books Co., Ltd. with permission from MARCREKLAU Publishing. This translated work is based on *30 DAYS - Change Your Habits, Change Your Life* by Marc Reklau. © 2015 Marc Reklau.
All Rights Reserved.
MARCREKLAU Publishing is not affiliated with Beijing Standway Books Co.,Ltd., or responsible for the quality of this translated work. Translation arrangement by RussoRights, LLC on behalf of MARCREKLAU Publishing.

出众，从改变习惯开始

项目策划　斯坦威图书
作　　者　（德）马克·列克劳
译　　者　陈玉嫦
责任编辑　楼淑敏
策划编辑　李佳铌　张其欣
营销编辑　姜　涛
封面设计　WONDERLAND Book design 仙境 QQ:344581934

北京联合出版公司出版
（北京市西城区德外大街 83 号楼 9 层　100088）
香河县宏润印刷有限公司　新华书店经销
151 千字　880 毫米 ×1230 毫米　1/32　8 印张
2019 年 5 月第 1 版　2021 年 2 月第 3 次印刷
ISBN 978-7-5596-3142-8
定价：45.00 元

未经许可，不得以任何方式复制或抄袭本书部分或全部内容
版权所有，侵权必究
本书若有质量问题，请与本公司图书销售中心联系调换
纠错热线：010-82561793

前　言

"如果你觉得自己行,那你就真的行；如果你觉得自己不行,那你就真的不行。"

——亨利·福特（Henry Ford）

观察一下周围的环境吧,你看到了什么？看看身边的事物、氛围、周围的人。思考一下自己的生活状态：怎么样？满意吗？再来看看自己的内心吧。此时此刻你感觉如何？你满意自己的生活吗？你渴望得到更多吗？你相信自己能变得快乐、获得成功吗？你为什么不快乐？你为什么不成功？你的生活缺失了什么吗？为什么有的人好像拥有一切,而有的人却一无所有呢？大部分人并不清楚自己拥有的一切是如何获得的,有些人只会埋怨命运、埋怨机会。很遗憾,我必须告诉你："朋友,你现在的人生是你自己创造的。发生在你身上的一切都是你自己创造的,这可能是刻意而为,也可能是无意之过。生活并不取决于命运和机遇。"

我之所以决定写这本书,是因为我看到许许多多的人梦想着改善生活、希望更加快乐、期望更加富有,但是他们却认为唯一的办法就是寄希望于奇迹的发生：中彩票、嫁给有钱人或者遇到其他幸运的事情。他们把希望寄托于偶然的外部变化，希望能够改变生活的一切。他们认为生活是不受控制的，大部分人并不知道他们其实可以控制生活中的每一时刻，可以掌握人生中的每一天。因此，他们把时间浪费在做白日梦上，他们周而复始地做着同样的工作，他们痴心妄想地等待奇迹的到来。甚至有时候，他们根本不知道自己想要什么。以下对话是我亲身经历的：

Q：如果你有足够的时间和金钱，你会做什么？

A：噢，那实在太好了，那样我会很快乐！

Q：快乐对于你来说是怎样的？

A：我可以做任何我想做的事情。

Q：那你想做的所有事情是什么？

A：噢，你难倒我了。我根本不知道啊！

真正的悲哀在于：他们并没有停下来一会儿，问问自己生活中真正想要的东西，把自己的目标写下来并一步一步努力靠近，其实他们都能实现那些奇迹。日复一日，我的客户向我证明了这一点：人们来找我，是因为他们想改变生活中的某些方面，不像其他人，他们不是坐以待毙，他们不是单纯地等待，他们不会做白日梦，为了获得更好的生活，他们用自己的双手采取实际行动！结果当然是可喜可贺的！

请记住：今天的生活是我们自己选择的！为什么这么说呢？这是因为通过思想、信念、期望，我们每时每刻都在创造自己的生活，我们的意志是十分强大的，它能够带给我们渴望的东西。可喜的是，我们能够训练自己的大脑，让它能够给我们带来自己想要的东西，而不是那些讨厌的东西。如果我们能够学会如何更有效、更轻松地处理那些自己不能控制的事情，那就更好了。

迄今为止，我已经学习成功法则和幸福秘诀二十五年了。一直存在于我潜意识中的概念已然成为我的系统方法和训练工具。我确信成功是计划出来的，是靠自己创造出来的，这是我前所未有的深刻领悟。怀疑我的人可能会觉得这根本就是形而上学的、毫无意义的，那我不妨请你们看看过去二十五年科学界取得的巨大成就吧。为什么现在科学证实的许多事情以前却无法解释？这本书带给我们的最重要信息莫过于：一个人的幸福取决于自己，与其他人毫无关系！在这本书中，我会向读者介绍一些具有实践意义的建议、方法和练习，如果我们能够坚持不懈地练习，它们就能够极大地改善我们的生活。更好的消息在于：我们能够实现快乐，而不用寄希望于中彩票！我们可以先从生活中细微的方面开始改变，只要坚持不懈、持之以恒地执行，久而久之，它们就会给我们带来积极的结果。这正是我的客户实现惊人改变的方法：创造新的习惯，一步一步努力靠近目标，每天做那些能够让自己靠近目标的事情！成功会成为可能的！你可以做到的！你值得拥有！

然而，单纯阅读本书并不会对你有很大的帮助。我们需要采取行动！这才是最关键的部分（这也是我这么多年来最为挣扎的部分）。我们必须开始练习书中的训练，我们必须在生活中引入新的习惯。如果你非常好奇的话，你可以一次性读完整本书；如果你喜欢的话，请准备好笔和笔记本，并做好笔记。之后，你需要再一次阅读这本书，这是关键时刻，你可以开始做练习并在生活中创造新的习惯了。如果你定期并坚持不懈地实践本书中的练习，你的生活就会得到改善。成功教育、培训和神经语言程序学方面的专家认为新习惯的形成需要 21 到 30 天。30 天就可以改变我们的生活了！30 天坚持不懈地改变自己、改变习惯就能够给人生翻盘的机会，或至少能够把我们带到更好的位置！所以，现在就开始吧！对于某些练习，至少坚持执行 30 天吧！先尝试那些对你来说容易的练习吧！

我在 www.marcreklau.com 上提供了一些练习指引，你可以把它们下载下来，好好享受这一旅程吧！

目 录 CONTENTS

第一章：重新定义自己的人生

1 从现在起，改写自己的故事 / 003
2 自制力：通向成功最重要的品质 / 005
3 责任感：你才是自己命运的掌舵者 / 008
4 决策力：选择比努力更重要 / 013
5 积极思考：人生不断变好的秘诀 / 016
6 坚定信念：世上没有做不到的事 / 019
7 端正态度：好态度成就好人生 / 024
8 保持乐观：正能量让你充满活力 / 026

第二章：向着崭新的目标前进

9 坚持不懈：美好的事情终将到来 / 031
10 无惧失败：成功怎可能一蹴而就 / 033
11 滴水穿石：变革要从细微处着手 / 038
12 明确目标：追求太多只会一事无成 / 040
13 好好说话：语言具有不可思议的力量 / 042

14 打造习惯：让优秀变得轻而易举 / 045

15 自我认知：了解自己才能提升自己 / 048

16 自我价值：你的价值决定了你的位置 / 050

17 强化优势：把精力用在刀刃上 / 052

18 提升自信：找到自己的成就感 / 054

19 记录目标：时刻明确自己的定位 / 056

第三章：学会战胜负能量

20 学会拒绝：不懂拒绝，你就自己干到死 / 063

21 近墨者黑：远离身边的负能量 / 066

22 战胜低效：别让低效拖垮你的人生 / 068

23 战胜混乱：条理越清楚，办事越高效 / 072

24 战胜讨好：讨好永远换不来尊重 / 075

25 学会早起：早起一小时，人生大不同 / 078

26 保持精力：别把精力浪费在大众媒体上 / 081

27 忘掉应该：做自己愿意做的事情 / 083

28 战胜恐惧：恐惧只是虚构的假象 / 085

29 战胜容忍：让自己待在舒服的环境里 / 089

30 扔掉杂物：别在没用的东西上耗费精力 / 091

31 清理思想：做一个轻松快乐的人 / 093

第四章：寻找人生的光明面

32 管理时间：在重要的时间做重要的事 / 097

33 追寻梦想：让梦想点亮你的人生 / 100

34 学会放松：散步也能改变生活 / 104

35 坚持原则：赢得钦佩的好方法 / 106

36 心怀感恩：感恩会让人感到快乐 / 108

37 大胆想象：敢想的人才敢做 / 110

38 正向思考：凡事多往好处想 / 113

39 放下过往：放下过去才能迎接未来 / 115

40 学会奖励：每一点进步都值得嘉奖 / 117

41 发现快乐：幸福其实很简单 / 118

42 专心致志：集中精力让你事半功倍 / 121

43 简化生活：把重心放在有意义的事情上 / 122

44 保持微笑：做一个充满阳光的人 / 125

第五章：培养良好的习惯

45 午休：给忙碌的生活充个电 / 131

46 阅读：提升自己的关键 / 133

47 节约：节约就是一种财富 / 134

48 宽恕：原谅别人就是关爱自己 / 136

49 准时：给别人留下好印象 / 138

50 倾听：认真倾听是一种教养 / 140

51 自省：改变自己就是改变世界 / 142

52 行动：做才能得到 / 144

53 肯定：学会运用正向的力量 / 146

54 积极暗示：多对自己说"我能行" / 148

55 不找借口：把精力放在解决问题上 / 149

56 保持努力：量变将会产生质变 / 151

57 保持渴望：让理想生活引领自己 / 153

58 管理情绪：做一个高情商的人 / 155

第六章：现在就开始行动

59 不拖延：逃避只会加重负担 / 161

60 学会假装：现在就扮演理想中的自己 / 163

61 微动作：小动作隐藏着大能量 / 165

62 学会要求：让别人也知道你的需求 / 167

63 听从内心：直觉会告诉你前进的方向！/ 169

64 写日记：记录自己的变化 / 171

65 停止抱怨：抱怨不能解决任何问题 / 173

66 接受好意：你值得拥有赞美 / 175

67 远离恶友：你的圈子决定你的层次 / 177

68 选择生活：你不必听从别人的指指点点 / 180

69 悦纳自己：接受自己是幸福的根本 / 182

70 自我投资：最精明的投资是投资自己 / 185

第七章：善待自己和他人

71 宽恕自己：允许自己不完美 / 189

72 不伪装：别让自己活得太累 / 191

73 善待自己：善待自己才能善待他人 / 193

74 健康生活：远离不良的生活方式 / 195

75 保持锻炼：生命在于运动 / 197

76 敢于行动：你只需踏出第一步 / 199

77 享受当下：当下其实很美好 / 201

78 不挑剔：挑剔别人是由于挑剔自己 / 203

79 日行一善：真诚地对待他人和生活 / 204

80 解决问题：解决问题永远比逃避问题轻松 / 206

第八章：其他忠告

81 冥想：冥想有助于净化心灵 / 211

82 音乐：音乐可以改变心情 / 213

83 放下忧虑：绝大多数担心没有意义 / 214

84 通勤时间：值得好好利用的时间 / 216

85 陪伴家人：家庭是我们的重要支柱 / 217

86 合理安排：别让工作占用休假时间 / 219

87 直面挑战：人生是一个不断升级的过程 / 221

88 适时休息：劳逸结合才能发挥最大效率 / 223

89 仪式感：做一些特别的事情 / 225

90 舒适区：跳出舒适区才能获得成长 / 227

91 权衡利弊：一成不变也会付出代价 / 230

92 看淡得失：一切都是暂时的 / 232

93 寻找导师：成功需要引路人 / 235

94 尽情挥洒：别让自己的人生留下遗憾 / 238

第一章

重新定义
自己的人生

1 从现在起，改写自己的故事

"改变自己看待事物的方式，扭转自己对改变的态度。"

——韦恩·戴尔（Wayne Dyer）

大约在二十五年前，我第一次接触到这个观念，当时我正在阅读简·罗伯特（Jane Robert）的《灵魂永生》（Seth Speaks）。主人公赛斯告诉我们，**每个人都是自己人生的缔造者**。因此，如果你不满意自己人生的故事发展，那就改变它吧！那时候，我觉得这只是一种安慰人的想法，但我还是抱着试试的态度接纳了，自此以后，无论顺境逆境，我的人生再也离不开它。**不要因自己的辉煌往事而骄傲自满，不要为自己的不堪过去而愁眉苦脸，因为未来将会是一个全新的开始，一张全凭你个人发挥的白纸。**好好把握机会，你就能彻底改变自己！生命赋予你的每一个明天都将成为你开启新生活的良机。利用好每一个时刻，选择自己想要成为的样子吧！别再犹豫了，今天就是改变的最好契机！那么，具体我们应该怎么做呢？

如果你愿意追随本书的建议，形成新的习惯，练习本书提供的一些措施，你的人生就会慢慢改变。当然，这个过程不会轻而易举，不会一帆风顺，成功有赖于你的自制力、耐力以及坚持不懈。请相信，成果必将如期而至。

2008年，何塞普·佩普·瓜迪奥拉（Josep Pep Guardiola）接管当时涣散疲弱的巴塞罗那队。在就职演讲上，他当着体育馆73 000名现场观众以及数以百万计的电视观众，坚定地宣布："我们不能保证会获得怎样的荣誉，但是我们保证付出百分百的努力，我们会坚持、坚持、坚持到最后。我们会全力以赴，尽情享受这个刺激的过程！我们已经准备好了，你们准备好了吗？"正是这一激昂的演讲开启了俱乐部115年历史的新篇章，它所带来的成就是史无前例的，甚至大部分人认为是后无来者的。在称霸世界足球的四年中，俱乐部蝉联三届国家锦标赛冠军、两届国家足球杯冠军、三届西班牙超级杯冠军、两届欧洲超级杯冠军、两届欧冠赛冠军以及两届世界俱乐部锦标赛冠军。

他们改写了自己的故事。

其实你也可以！只要付诸努力，坚持、坚持、再坚持，永不言弃！现在做好准备，尽情享受这一改变的过程吧！

2 自制力：通向成功最重要的品质

"性格能够触发我们改变的决心，承诺使我们付诸行动，而自制力使我们坚持不懈。"

——齐格·齐格勒（Zig Ziglar）

"不是每个人都能成就一番伟业，如果不能，请把细微的事情做精做强。"

——拿破仑·希尔（Napoleon Hill）

本章也属于本书的铺垫章节，它会为你未来的成功奠定基础。要想取得成功、获得幸福，首先需要有强大的意志力和坚定的自我承诺。只有拥有百折不挠的性格、坚定不屈的信念，我们才能说到做到，坚持不懈。只有这样，我们才能在困难重重的环境下依旧披荆斩棘，不断向着自己的目标进发！**何为自制力？强大自制力能使我们规避心情的影响，使我们在任何时候都能坚持做正确的事情。**努力磨炼，使自己成为拥有强大自制力的人吧，只要你对成功执着而坚定，你的人生就会成就不凡的事业。但是，就算现在的你一点自制力也没有，也请别担心，因为从现在开始你就能磨炼自己的自制力和意志力了。自制力就像肌肉一样，锻炼得多了，自然就越来越强大了。如果现在的你自制力薄弱，不妨先给自己定一些细小的、可行的目标，训练得多了，自然就会越来越强大。

记下自己想要获得的成功吧！时刻谨记自己的人生无限、能力无限！你可以设想努力过后的收获：例如，如果你想每天早上六点起床跑步，但是又始终下不了决心，那你不妨想象下自己变苗条后是多么曼妙，自我感觉又是多么美好。然后立即跳下床，穿上跑步服，立刻出发！切记：**本书不是万能的，如果你没有改变的意志力和自制力，一切都是浮云！**

首先，请认真对待自己的承诺！不遵守对自己的承诺会引起一连串的恶劣后果：你会失去力量，你的思维会变得模糊；在通往目标的道路上，你会变得疑惑、迷茫，更严重的，你会失去自信心，你的自尊心也会大受打击！为了避免这一切的发生，你必须谨记重要的事项，必须采取与自己价值观一致的行动。

承诺是我们给自己的机会！如果并非志在必得，请不要轻易给自己许诺！将不必要的承诺排除在外，对无关紧要的杂事说"不"，把精力集中在有意义的事情上。一旦许诺，即使赴汤蹈火，也要坚持到底。一旦许诺，请付出百分百的努力和时间，因为它们值得。此外，时刻提醒自己违背承诺的恶果！

立刻行动吧!

现在,不妨询问自己以下问题:

此刻的你在哪些方面缺乏自制力?

如果你的自制力得到改善,你将获得哪些好处?

要想实现目标,你的第一步需要做什么?

如何识别自己的自制力已经得到改善?

如果你找到了上述问题的答案,相信你的自制力一定能得到有效的提高!

3　责任感：你才是自己命运的掌舵者

"优异的表现始于负责任的人生。"

——布莱恩·特蕾西（Brian Tracy）

"我们都标榜自己热爱自由，追求自由，但自由与责任是一体的，大部分人害怕承担责任，所以与自由背道而驰。"

——西格蒙德·弗洛伊德（Sigmund Freud）

只有一个人能对你的人生负责，那个人就是你自己。老板、配偶、父母、朋友、客户、经济、天气都不能决定你的人生。当我们不再埋怨别人的时候，一切都会变得更好！当你开始对生活负责，你就能掌握自己的人生，成为自己人生的领航者。不要让自己成为烦琐生活的牺牲品，要自己掌控人生，创造机会，这样在面对人生的必要课题时，至少你能主动做出合理的反应。**不管生活给你带来了怎样的磨难，态度是最重要的。可以说，态度就是人生的选择！**

总是埋怨别人又怎能改善自己的人生呢？所有人都需要改变

自己，但是并非所有人都能做到。做自己人生的掌舵者，你就有能力扭转生活中的不完美。尝试控制自己的思想、行为和感觉。即使是生活中的琐碎事情，如收看的电视节目和相处的朋友，也最好经过深思熟虑的选择。如果你不满意当前的生活，你应当思考给生活投入更有意义的养分，即提升自己的思想、情绪，并对生活做出合理的期待。生活的被动多来源于应付，不要总想着应付别人，要学会用心付出。应付会让人陷于被动，付出则会让人变得主动。请记住，付出才能掌控自己的人生。

"双手紧握自己的人生，你就会发现所有事情其实都是自己造成的，你不再需要埋怨别人。"——艾瑞卡·琼（Erica Jong）

	消极应对（人生的牺牲品）	主动承担（人生的掌舵者）
内在与外在思想	外在的因素总是主导着我的人生。 我怎么能够改变生活，生活本该如此，我只能被动接受。	我能主动做出改变。 生活自有模样，但我还是有我自己的行为和选择。
人生的影响因素	影响人生的因素是外在的。 我一般会给自己找借口（例如危机、年龄、时机）。	影响人生的因素是内在的。 自我选择和控制能力。 我能够主导成功（例如改变自己的职业）。

(续表)

	消极应对(人生的牺牲品)	主动承担(人生的掌舵者)
关键问题	我总是只关注问题而缺乏主动寻找解决方案的勇气。 其他人都是错的,只有我是对的。我总是为生活找借口。	我总是努力寻找解决方案,只要有机会改变生活,我就会尽力争取,但我也会乐观地接受人生的必然考验。
运气与影响因素	生活本来就是不公平的,但是我对此无能为力。我只能依赖我的运气了。	人生从来就不能靠运气。我会花精力好好利用机会,必要时我还会创造合适的机会。人生的高度取决于自己的投入。

被生活遗弃的人总是认为:是别人的错误给我带来了种种不幸,但试想想,**如果问题跟你自身没有半点关系,那你就不能从本质上找到解决的办法**。因为解决问题的关键还是要从自身的实际情况出发。也就是说,如果问题完全源于外部因素,那解决方案就要完全依赖外在条件的帮助。例如,要是迟到完全是因为塞车,那怎样才能按时上班呢?答案是明显的,那就是要完全消除塞车这一客观因素。因为要是塞车的话,你就一定会迟到。如果你能从自己身上找问题的话,你就会下意识地提早出发,做自己人生的掌舵者。此时,你就能掌控情况,而不至于被客观因素牵着鼻子。

因此，我们可以得到显而易见的结论，那就是：就算我们不能控制外部环境给我们带来的种种困难和刺激，我们还是有自由选择自己的行为，坦然面对任何情况。

悲观者的人生总是充满消极的思想和情绪，他们总觉得自己是无辜的，他们总是埋怨他人，埋怨别人给自己带来了种种难题。他们总是以过去安慰自己，他们总是把希望寄托于未来，他们总是认为解决方案会像奇迹一样自然而来，他们总是认为这样就能改变别人，让他们不再制造麻烦。

而人生的掌舵者认为自己应该对生活负责，他们会做出足够的努力和适当的行为来解决问题，他们总是把问题的主要原因归咎于自己。他们总能从自己的过去吸取教训，把过去当成宝贵的经验。他们总能从现在的生活中发现改变的良机，因此，对于将来，他们总能坚决地订立目标并一直追随。最重要的问题是："你想成为怎样的人？当人生给你带来不幸的时候，你会如何选择，如何行动？"

不妨认真考虑以下问题：

你会把生活的问题归咎于谁？（是你父母吗？你老板吗？你朋友吗？）

当不再埋怨别人时，情况或问题会改善吗？

当不再被动接受生活中的种种困难时，又是怎样的情况呢？

你愿意做生活的牺牲品吗？这样你会觉得幸福吗？

生活会给被动消极的人带来什么好处吗？

当不再受生活摆布，当自己能决定并改变生活时，你会收获怎样的人生？

你会做出怎样的改变？

你想好从哪里开始了吗？

你知道怎样开始吗？

行动起来吧！

未来的一周你能做什么？将五件最重要的事情写下来！这样，你就能慢慢改变人生的轨迹，慢慢掌握自己的人生。

4　决策力：选择比努力更重要

"全世界都会帮助坚毅、有目标的人！"
——拉尔夫·沃尔多·爱默生（Ralph Waldo Emerson）

你是否听过决定成就人生？你觉得这句话正确吗？你曾经感受过这种喜悦吗？从现在开始，你必须意识到决定的力量，它能帮助你掌控自己的人生。你所做出的每一个决定、每一个选择都能深刻地影响人生。**事实上，每一个选择，都能结出相应的果实，现在的人生只不过是过去选择和决定的结果罢了！**因此，我们必须做出适当的选择！请记住，**人生最重要的事情就是做选择，选择能影响我们的思想和感觉！**至于选择正不正确是其次的。一旦做出选择，我们很快就能感受到它的影响力，这些影响会帮助你不断前进。一旦做出决定，就毅然追随吧！一旦做出决定，就坦然接受它带给你的结果吧！如果发现决定不那么正确，那就欣然地吸取经验吧！请原谅自己的错误，因为从当时掌握的情况和知识来看，那已经是最好的、最正确的决定了！

态度＋决定＝人生

维克多·弗兰克尔(Victor Frankl)是一位犹太心理学家。第二次世界大战期间，他被监押在德国集中营。除了姐姐，他失去了所有家人。在巨大的悲痛下，他意识到精神自由的重要性。他把精神自由称作"人类终极自由"。这种自由是纳粹监狱所不能剥夺的。纳粹监狱只是外部的环境，但自由最终还是自己的抉择。我们没法逃避困境，但我们能够决定困境对我们的影响！

维克多·弗兰克尔意识到，在面对外部环境时，在回应之前，他还是能决定客观因素对自己的影响的，他完全拥有这种选择的自由！也就是说，就算我们不能控制生活给我们带来的种种情况，但我们能自主地决定怎样面对这些情形，自主决定能给我们的人生带来巨大的影响。

换句话说，外部环境可能会伤害我们，但是绝不能决定我们的人生！我们的自主选择才能决定我们的生活！因此，如何面对人生中的种种难题才是关键所在。所以，选择尤为重要。

你想要变得更加健康吗？那请选择更加健康的事物、选择更加有益的运动吧！你想要变得更加成功吗？那请选择更加优秀的环境吧，例如阅读优秀的书籍，观看有益的节目。不要给自己找借口！

请允许我做出这一个假设：我们的生活境遇并不比维克多·弗兰克尔发现"人类终极自由"时糟糕，因为"二战"时期德国集中营里的犹太人维克多·弗兰克尔的遭遇是如此不堪！

不妨问问自己以下问题：
想要改变，你要做出怎样的决定？
你会选择变得更加灵活吗？你会选择变得更加积极乐观吗？你能变得更加健康吗？你能变得更加幸福吗？

行动指南：
当前你想要的改变是什么？请列出最为重要的三个。
1) _____
2) _____
3) _____
阅读维克多·弗兰克尔的书籍《活出生命的意义》。

5 积极思考：人生不断变好的秘诀

"尽管世界不断变化，但我们的人生始终取决于自己的思想！"

——马可·奥勒留（Marcus Aurelius）

"过去的思想成就了我们的今天，现在的思想也会造就我们的明天！"

——詹姆斯·爱伦（James Allen）

改变思想是改善生活的前提。思想造就生活，只要我们能控制自己的思想，就能控制自己的人生和命运！因此，我们必须时刻留意自己的思想！《和平使者》（*Peace Pilgrim*）一书中说道："如果我们能意识到思想的威力，我们就不会消极地思考问题！"也就是说，不要被消极思想控制！每当萌生消极思想时，请引导自己往积极的方面思考，例如："事情都会好起来的。"

积极地思考问题吧！积极思考的人不是爱做白日梦的人，他们并不认为人生是一帆风顺的，他们认可生活中的挫折和困难。积极的人会觉得问题是成长的机会，苦难的到来自有它们的意义。积极的思考能够呈现真相，我们需要做的就是接受它并从中挖掘最好的结果。

拒绝让消极思想操控人生，我们需要控制自己的思想，改善思想的质量。你可以主动引导自己的大脑，让大脑积极地、有创造性地思考，让思考鼓舞自己的行为。请尝试这样训练自己的大脑吧！不久，你就会发现自己的人生境遇也会随之改变。

思想是自己创造的，它是一种力量，它能影响情绪，情绪又能影响我们的行为，而行为影响着我们的日常生活。

思想 ⟶ 情绪 ⟶ 行为 ⟶ 生活

思想源于对生活的信念。如果不满意当前的收获，那请思考自己的付出吧！我们拥有的一切都源于思想、期望和信仰。因此，我们必须分析自己的思想、期望和信仰。改善信念能够帮助我们获得更好的人生结果！

经常锻炼自己的思维，信念就会慢慢形成。注意自己的行为，因为行为也会改变信念。例如：如果我们总是担心没有足够的资金，这一恐惧就会导致相应的行为！你可能会变得更加谨慎，你可能会守财而较少参加投资活动。

行动指南：

48小时内拒绝消极思考。一旦萌生消极思想，迅速以爱、和平、宽容等积极思想取代它。一开始可能会比较困难，但请先尽力尝试！慢慢地，一切都会变得简单起来！然后将时间延长至五天，甚至一个星期。请观察积极思考对自己生活的改变！

6　坚定信念：世上没有做不到的事

"最后的忠告：请不要害怕人生。请相信生活值得拥有，请相信正确的信念会带来积极的结果。"

——威廉·詹姆斯（William James）

"生活中的种种客观条件都来源于我们的内在信仰！"

——詹姆斯·艾伦

认真思考自己的信念是十分重要的，因为信念造就生活。**我们世界的模样，取决于我们理解它的方式。**对真实情况的认知——而非真实情况本身——能够决定我们的行为方式。通过信念这一镜头，我们不断地认识世界。

或许你会认为这一说法非常荒谬，我在高中之前也是这么认为的。两个学期的心理学培训奇迹般地扭转了我的思想，我开始深信信念的力量。在高中阶段，我学习了安慰剂效应、皮格马利翁效应和自我实现预言。这三方面的研究表明，思想和信念具有强大的力量！然而，我们该如何理解信念？信念是人类自主意识及无意识信息的集合体。罗伯特·迪尔茨将信念定义为我们对自己、对他人及对这个世界的评价。信念是一种惯性思维模式，如果我们深深相信某事某物（即使客观上它可能不真实），我们就会按照我们的信念行事——也就是说，我们会寻找事实证据来证明自己的信念，即便这个信念是错误的。

信念的力量非常强大：它能深刻影响我们的情绪。而情绪能影响行动，行动能直接导致相应的结果！每个人的人生之所以都不一样，就是因为人生的结果与我们的信念机制密切相关！

我们必须意识到，生活不是外界强加给我们的，生活是我们信念、思想和期望的结果。要想改变生活，我们首先必须改变信念和思维模式。不错，大部分信念在我们孩童时期就已经形成，但我们还是能够通过主动意识改变这些信念。信念不是外界强加给我们的，虽然其他人可以影响我们的思想，但我们能通过自主意识选择恰当的信念。只有我们才能主宰自己的信念！

相信自己不仅是一种态度，它更是人生中的重要选择！就像亨利·福特（Henry Ford）所说，如果我们认为自己不行，如果我们认为某事不可能成功，那不管我们怎么努力，我们也不可能成功。在过去，人们都认为四分钟内跑一英里是不可能的事情，甚至连权威的科学论文和研究都认为这是天方夜谭。但是，1954年5月6日，罗杰·班尼斯特在牛津比赛中实现了这一突破，他向世人证明了之前的"科学"论断是错误的，他颠覆了所有人的想象。自此之后，超过1000人成功实现了这一突破。

我强烈建议你摒弃一些消极的信仰，不要给自己的人生设限：

人并不总能感到幸福，因为生活，我们总是要面对这样那样的问题。

人生是艰难的。

只有弱者才会用脾气解决问题。

人生只有一次机会。

我时常感到彷徨无助，没法控制自己的人生。

我配不上一切的美好。

没有人爱我。

我不能。

那是不可能的。

……………

以下有一些鼓舞人心的信念，大家不妨参考下：

我能主宰自己的命运。

只要相信自己，没有人能欺负我。

生活是那么美好。

凡事皆有因由。

一切都会慢慢好起来的。

我可以！

大家不妨回答一下以下问题：

如果你相信自己，你觉得你身上最大的闪光点是什么？最大的缺点又是什么？

你的金钱观是如何的？

你的亲情观、爱情观、友情观是如何的？

你关心自己的身体健康吗？

如果想要改变自己的信念，大家不妨尝试下以下训练并大声诵读以下语句：

这只是我的信念，我的信念有时候并非事实本身。

我相信，却未必真实。

尝试一下与自己信念相反的情绪和感情。

往信念相反的方向思考。

请知悉信念只是你对真实情况的理解，而非事实本身。

请每天花十分钟巩固自己的信念，然后按照信念行事。（例如坚信自己的消费习惯，坚信自己是健康的，坚信自己能变得更加成功，等等）

替代练习：

写下自己的限制性信念。

请记住这个顺序：信念－情绪－行动－结果。

争取不同的结果——你需要如何做？

怎样的情感能带来不同的行为和不同的结果？

怎样的信念能带来不同的情感、不同的行为和不同的结果。

7　端正态度：好态度成就好人生

> "别人可以夺走我们的一切，却夺不走你的终极自由权利，也就是说，无论在任何情况下，我们都有决定自己态度的自由。"
>
> ——维克多·弗兰克尔

态度是成功的关键！态度能极大地改变我们看待事物的方式，也能改变我们应对事物的方式。接受游戏规则的人能少受生活的苦难。人生充满欢笑，也充满泪水；人生充满光明，也难免会有黑暗与阴影。我们必须接受不开心的时刻，以积极的方式看待问题。我们应该相信，生活本来就是一种挑战，但也是一种机会。

即使在面对最艰难的时刻，我们也应该看到其积极的一面。**困难当中藏着希望，只是困难并不常伴随希望而来，我们需要耐心一点。**

让我们再次大声说：人生遭遇并不重要，重要的是你如何面对它们。积极应对遭遇，主动创造机遇，是人生的意义所在。

人生由无数的环节构成，有幸福的，也有不幸的，我们需要尽全力走好人生的每一步。假如亲人离开了你，你会因此而沮丧一生吗？悲痛总会过去的呀！丢掉工作也并不是那么糟糕啊，上天给你打开了一扇全新的门呢。

多年前，所有励志培训师和积极思想家都认为："生活给我们一个酸柠檬，我们可以加上糖，挤出柠檬汁。"但是部分年轻人则认为："生活给我一个柠檬，但我还需要一些盐和酒呢。"你明白这个道理了吗？

以下给大家提供一些积极向上的生活态度：
不要害怕犯错，重要的是从中吸取教训。
承认自己的无知。
勇敢寻求帮助，坦然接受别人的帮助。
以前的生活成就，现在想要的成就和未来需要达成的成就。

行动指南：
尽可能扭转消极的情况。

8 保持乐观：正能量让你充满活力

> "乐观主义者总能发现生活的美好，悲观主义者却总是陷入无尽的悲伤。"
>
> ——奥斯卡·王尔德（Oscar Wilde）

威廉·莎士比亚（William Shakespeare）说："事情本身并没有好坏之分，是我们的思想在其中起了作用。"用观点指导自己对事物的看法。不要让问题缠绕着自己，不然我们就无法看清问题的本质。后退一步，让我们以更加宏观的视野看待问题吧。当问题来临时，我们需要清楚知晓自己的情绪，评估情绪的重要性！更为重要的是，我们应该把问题当作挑战！

生活中的每一个困难都有其意义所在，只是需要我们用心发掘。如果寻找美好成为生活习惯，那么我们的人生将会发生戏剧性的变化。经验本身无好坏之分，是我们的主观意志赋予了它意义，是我们的世界观和思想观念在其中起了作用。

我们可以视悲剧为警示钟，让我们把人生重新掌握在自己手中，让人生更加有声有色！培训师通过"重塑法"来改变人们对事情的看法。因此,我喜欢把"失败"视为"反馈"或者"经验"。

提及"在上一段恋情中,我输得很惨"时,你会产生怎样的情绪?如果不太好受,那试着跟自己说:"我从上一段恋情中收获了不少,我坚信自己以后不会再犯同样的错误了。"你能感受到其中的差别吗?

以下是重塑法的一些例子:

我处于失业状态	现在的我终于有时间思考一下自己理想的工作了,为生计,也为人生
我病倒了	净化心灵,让身体好好休息一下
我就是这个样子了	我还是换种角度思考问题吧
我不可以	我再看看有没有其他办法吧
这是不可能的	这是可以办到的啊
问题	这只是我成长的挑战和机会而已
失败	我要从中学习经验
我必须 / 我应该	我自愿这么做 / 我愿意
我试试	我一定要
总是	这只是过去,未来可不一样了
从不	有时

行动指南：

把生活中最消极的五种情况写下来。我确信在不久的将来，你将看清楚这些情况，并从中汲取其积极的一面。

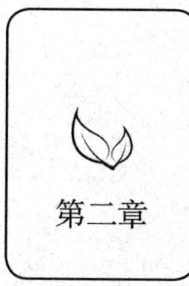

第二章

向着崭新的
目标前进

9 坚持不懈：美好的事情终将到来

"最大的缺点莫过于放弃。再尝试多一次，你就能成功了，尝试是最有效的成功途径。"

——托马斯·阿尔瓦·爱迪生（Thomas Alva Edison）

"成功与失败都是暂时的，勇气才是迎接人生挑战的关键。"

——温斯顿·丘吉尔（Winston Churchill）

坚持比天赋、智力和策略更加重要。永不放弃是异常珍贵的品质。如果生活没有按照自己的计划发展，不管步伐多么细微，请继续前进。成功需要耐性与坚持，而失败者通常缺乏这两种品质；要想改变，我们必须耐心，我们必须坚持，否则我们只会原地踏步。

在成功来临之前，我们遇到荆棘和障碍是非常正常的。要是计划失败了，把它看作暂时的失败就行了，千万不要把它当作永恒的挫折。我们要制订新的计划，再接再厉。如果新计划也不成功的话，我们可以继续调整和优化计划，直至成功。大多数人放弃是因为他们没有足够的耐心和毅力,他们没能适时调整自己的计划。但我们也必须谨记,切勿在不可能的计划上浪费太多时间,这种坚持只会起到相反作用。要是不可行,那就立刻改变计划吧!毅力要用在实现目标上。我们要有足够的耐心面对困难,我们要有足够的耐心面对失败,我们要有足够的耐心等待时机的到来。遇到挫折或者障碍时,我们一定要坚持自己的目标,不要轻易言弃。我们都知道,托马斯·爱迪生尝试了一万多遍才发明了灯泡。失败是成功之母,爱迪生就是一个很好的例子。坚持是一种精神状态。毅力需要培养。摔倒了没关系,关键是要懂得站起来,拍拍灰尘,整理好自己再重新出发,直到实现目标。

以下一些建议有助于我们形成坚持的习惯:

目标清晰,雄心勃勃;

计划周详,常年坚持;

摒弃所有消极因素的影响;

朋友的支持和鼓励可以让我们坚持行动计划,不断追求目标。

10　无惧失败：成功怎可能一蹴而就

"对于我来说，失败只是暂时的，成功必将到来。"

——托马斯·阿尔瓦·爱迪生

"失败固然令人沮丧，但不尝试的人永远没法获得成功，这才是最可怕的。"

——西奥多·罗斯福（Theodore Roosevelt）

正确认识失败是非常重要的，但我们经常误解它。让我们重新认识一下失败吧。当谈论失败时，保罗·戈埃罗（Paulo Coelho）可谓是一语中的。他说道："其他人都可以实现自己的梦想，只有害怕失败的人不能。"惧怕失败是梦想的第一杀手，你知道为什么吗？我们为什么要害怕失败呢？面对失败，我们应该像拿破仑·希尔一样坦然乐观。"每一个逆境、每一次失败、每一次悲伤都会成为孕育成功的种子，痛苦多大，成功就有多大。"如果我们能像拿破仑·希尔那样乐观地看待失败，我们的人生将发生翻天覆地的变化。为什么我们不能把失败当作经验，当作我

们成长的良机,当作知识和动力呢? 只要我们深信失败乃前进的契机,我们的人生必将稳步向前。

要想成功,我们首先应该模仿"爱迪生精神"。爱迪生说:"对我来说,失败只是暂时的,成功必将到来。"他还说:"我并没有失败,虽然我经历了10 000次的不成功,但它们都是我成功的垫脚石。"他是一个永不言弃的人,正因为如此,爱迪生为人类创造了无数的发明。

错误是努力和行动的反馈,我们可以从中得到非常宝贵的经验。不幸的是,长大之后,我们丢掉了孩童时期那份纯真的坚持与毅力。小时候,我们屡屡摔倒,却屡屡爬起来,在失败中我们学会了走路。随着不断成长,我们慢慢忘记了本能的坚持,慢慢地,我们将失败当作致命的打击。因此,一次小小的挫折便会打败我们,于是,我们放弃一切行动。但是,成功从来都不是一蹴而就的,一次失败算不了什么,不要全盘否认自己的计划和行动,要静待时机的到来。

不要犹豫了,现在就让我们改变自己对失败的理解吧。不错,我们可以这样看待失败:失败乃人生中的里程碑,失败能带给我们经验,让我们不断成长!

越来越多的企业开始注重实践爱迪生精神:他们允许员工犯错误。因为越来越多的企业开始意识到,害怕犯错扼杀了员工的创造力和创新精神,久而久之,公司就会发展缓慢,失去活力。

让我们再次总结一下吧：

正确的决定能给我们带来成功！但是，我们必须依赖错误的决定来获取经验，进而做出正确的决定。

下面的例子是一个关于典型失败者逆袭的故事：

1832 年：失业

1832 年：参选议员失败

1833 年：生意失败

1834 年：进入州议会

1835 年：女友（安·拉特利奇）去世

1836 年：因悲伤而精神崩溃

1838 年：竞聘发言人失败

1843 年：国会提名失败

1848 年：国会提名再次失败

1849 年：应聘土地注册处处长失败

1854 年：竞选参议院议员失败

1856 年：副总统候选人提名失败

1858 年：再次竞选参议院议员失败

1860 年：当上总统

这就是著名的美国总统亚伯拉罕·林肯（Abraham Lincoln）。我想，没有人会认为他是一位失败者吧？

让我们再看看以下的例子吧。

迈克尔·乔丹（Michael Jordan）：

被校篮球队淘汰。

斯蒂芬·斯皮尔伯格（Steven Spielberg）：

被电影学院三度拒绝。

华特·迪士尼（Walt Disney）：

因为缺乏灵感和想象力而被一家报业公司辞退。

阿尔伯特·爱因斯坦（Albert Einstein）：

他比其他人说话晚，学习成绩也很差。

约翰·格里森姆（John Grisham）：

第一本小说被16家书籍代理商以及出版社拒绝。

J.K.罗琳（J.K.Rowling）：

一位离婚靠救济金生活的单亲妈妈，但她依然坚持写《哈利·波特》。

斯蒂芬·金（Stephen King）：

他的第一本书《魔女嘉莉》被拒绝了30次，他都已经沮丧地把它丢进垃圾桶了。妻子却把书稿从垃圾桶里捡回来，不断鼓励他再尝试一下。

奥普拉·温弗瑞（Oprah Winfrey）：

被电视台辞退，电视台认为她不适合做报道员。

甲壳虫乐队（The Beatles）：

被唱片公司告知没有星途。

请回答以下问题：
在过去的几年中，你经历过哪些失败和挫折？
你从中得到了什么教训？
你从中得到了什么有益的东西？

11　滴水穿石：变革要从细微处着手

> "乐于接受沮丧，坦然面对沮丧，这无疑是困难的。但沮丧能帮助我们实现梦想，从这方面来说，沮丧根本不值一提。"
>
> ——皮特·麦克威廉（Peter McWilliam）

通往成功的路上从来都是荆棘满布的，要想获得成功，我们需要适应不断变化的情况和条件。**要成长，沮丧在所难免，重要的是保持乐观向上的心态。做别人不想做的**，并且把其当作习惯。不管是困难还是简单，需要做的我们必须做好。也就是说，我们要原谅别人的错误，不要总在心中积怨；我们要多尝试超越自己的极限，而不是说我不行；我们要为自己的行为完全负责，而不是埋怨别人。大部分人认为改变生活必须付出很大努力，改变很多东西，他们认为任务相当艰巨，因此直接放弃改变。于是，我们进一步深陷于陈规陋习之中难以自拔。那我们要怎么做呢？答案是：慢慢来。改变生活需要从细节开始，这样一开始，我们不需要花费很大努力。久而久之，这些细微的变化能够引起巨大的变化。例如，从改变自己的上班方式开始，从改变自己午餐的饭馆开始，从尝试认识新朋友开始。

行动指南：

1）即使某些事情让你感到不自然，也请每天坚持做。

2）明天你打算改变什么？你的日常生活吗？运动吗？饮食吗？

12　明确目标：追求太多只会一事无成

"人生的黑暗处才特别需要寻找光明。"

——亚里士多德·奥纳西斯 (Aristotle Onassis)

　　人们得不到想要的，最大原因在于他们根本不知道自己想要什么。而扼杀他们实现目标的第二原因是他们虽然知道自己想要什么，却没有把精力放在目标上。因此，我们首先需要清晰了解自己的精力放在了哪里。切记，从现在开始，目标是什么，精力就放在哪里吧。你知道自己现在的精力放在哪里了吗？你是专注于追求有益的目标，还是把时间浪费在消极的事情上？你是专注于过去，还是尽全力追寻未来？你是苦苦与困难纠缠，还是努力寻找解决问题的方法？这些都是成功的关键。下面的例子可以充分说明大部分人所想与所做背道而驰，他们的行为在一定程度上影响了自己的思想，因此最终不得不放弃思想目标。他们会说"我很能赚钱"，"我很大方"，但是他们时时刻刻惦记着自己的账单，时时刻刻惦记着花出去的钱，时时刻刻提醒自己其实自己赚的钱太少，根本不足以过上自己理想的生活。这导致他们与目标背道而驰，得到的都是自己厌弃的东西。

精诚所至，金石为开。目标决定世界观，目标在哪里，精力就会在哪里。例如，一个人如果把精力放在机会上，他自然而然就能看到更多的机会。一个人如果专注于追求成功，经过努力，成功自然而然地降临到其身上。

请回答以下问题，这些问题有助于你寻找自己的目标：

我应该如何改善现在的状况？

我感恩生活中的什么？

对于现有的生活，我觉得最满意的是什么？

什么让我感到高兴？

未来的十年内，我仍然觉得这些都是我想要的吗？

这个挑战能给我带来什么？我能从中获取什么经验吗？

为了更好地生活，我应该做些什么？

13　好好说话：语言具有不可思议的力量

"思想能指导一个人的话语，而话语反过来会影响思想。"

——乔治·奥威尔（George Orwell）

"得不到所爱的根本原因在于他无法说服自己坚持目标。"

——安东尼·罗宾（Anthony Robbins）

谨言！不要低估自己的话语，因为语言具有强大的力量！你对事物的描述最终会影响你的信念，影响着你的一言一行！或许你或多或少地有过这样的经历：自己的言语给自己带来了诸多不幸。不论是与别人交谈，还是自言自语，话语都具有强大的煽动力。这些声音会残留在脑海中，不断重播。

我们最终都会成为自己描述的样子！尤其是内心独白，它就像催眠师不断重复的暗示，深刻影响着我们的思想和行为。你观察过自己的内心独白吗？如果你认为自己邪恶、软弱、无力，那你的整个世界都会变成这个样子！相反，如果你认为自己健康快乐、活力十足，你的整个世界就会充满正能量。

内心独白还会深刻影响我们的自尊心。因此，别随便描述自己"我很懒惰""我就是一个祸害""我永远做不到"，或者"我很累"等等，这些都会成真。如果一个人不断提醒自己很累，他就真的会感觉自己很累！因此，小心自己的内心独白，它们具有强大的力量。其实，人不但要与外界沟通，还要与自己沟通。自我沟通其实就是自我感知，即自我评价和自尊。自我评价和自尊心深深影响着一个人的行为，而行为又决定着事情结果及他人评价。因此，我们需要经常给自己暗示一些积极的东西，如："我十分成功""我非常苗条""我现在非常优秀"……我们的潜意识会全盘吸收自己的暗示，潜意识不会对暗示说"不"，潜意识会将我们的话语直接转化为图像，根深蒂固地存在于我们的脑袋中。

不要想象对自己不利的事物！因为即使那种暗示是错误的，你的脑袋也会全然相信。例如，当你说出大象是粉红色的，你就真的会去想象粉红色的大象一样！

此外，我还会不断对自己说——我必须把精力集中在自己想要的东西上！切记，你的话语——特别是自我问答的方式呈现的话语——深深影响着自己的生活！我对培训学员说：不要对我说或者对自己暗示"我"不行。相反，**我们需要不断询问自己："我们应该如何解决问题？"** 当询问自己的时候，我们的脑袋自然就会顺着思路思考解决问题的方法。值得庆幸的是，我们可以通过改变自己的话语达到改变自己生活的目的。因此，我们必须用积极的语言暗示自己，指导自己的思想，必要时向自己提问题以引导自己的思想和行为。

不要再犹豫了，现在就尝试给自己提问题吧！

14 打造习惯：让优秀变得轻而易举

"重复能成就辉煌。优秀不是一时的行为，是常年累积的习惯！"

——亚里士多德

实践证明，我们只需要花 21 天就能形成一个全新的习惯！大约 2500 年前，希腊哲学家亚里士多德告诉世人：只要我们愿意改变自己的陈规陋习，崭新美好的生活就会随之到来。培训的本质在于潜移默化地改变人们的习惯，教授他们新的行为方式，以取代老旧的行为模式。**想要改变自己的习惯，我们首先必须意识到哪些是陈规陋习。**不知道你是否曾经听过：一个人如果总是重复做同样的事情，他只会获得与以前一样的结果！但爱因斯坦认为，最纯真的智慧莫过于"不厌其烦地重复自己的所爱，每次期待不同的结果，直至结果满意为止"。

如果你不满意当前的生活，你需要做的只是换个做事的方式，而不是把以前的一切思想和行为摒弃。改变守旧思想并没有我们想象中那么难！改变守旧思想只需要我们投入一定的注意力,时常提醒自己,给自己设下相应的规则!向着目标出发,形成有利于实现目标的习惯!如果你能这么做,人生中的成功会自然而至。请看以下的一些陈规陋习,我们最好远离这些恶习:时常迟到,经常加班,喜欢吃垃圾食品,喜欢插话,拖延症,等等。以往我会给培训客户灌输十种健康的日常习惯,让他们在三个月内习得。但我不想一下子给大家太大压力,这样只会吓倒你们,因此,让我们每个月学习一两个新习惯吧!随着时间的流逝,我们就能发现这些新习惯能大大改善我们的生活,它们会替代效率低下的习惯,使我们的生活不再受陈规陋习的侵蚀。

行动指南:

我们需要改变哪些习惯呢?我们不需要把精力专注于遥不可及的目标上,以下是我的客户的一些习惯,希望能给你一点启示:

每周锻炼三次

全心全意追求积极的目标

一切以目标为中心

沙滩边或林中散步

多与家人共度时光

多吃蔬菜

与朋友相聚

每天阅读30分钟

每天独处15分钟
…………

如果你能时刻记起这些习惯,那就更好了!不要吝啬对自己的赞赏和奖励,哪怕是一点点进步与成功!

现在就开始计划改变吧!

15　自我认知：了解自己才能提升自己

"自我认知是一切智慧之基础！"

——亚里士多德

改变人生的第一步是知道自己的位置，知道自己需要什么！ 那么，请尝试回答以下问题吧：

你的人生理想是什么？

错过了什么，没有完成什么会让你终生抱憾？

如果你不缺乏时间，也不缺少金钱，那你最想做的是什么？

你想成为怎样的人？你想拥有什么？

什么最能激励你奋发向前？

什么限制了你的人生？

在过去的十二个月中，你觉得自己最大的成就是什么？

在过去的十二个月中，你觉得自己最大的挫折是什么？

你会讨好别人吗？如果会，你会通过什么讨好别人？

你会安慰自己吗？如果会，你会通过什么安慰自己？

你有自欺欺人的时候吗？请列举！

到目前为止，你觉得自己做得最好的是哪件事？

你为什么认为这是你完成得最好的事情？请说明理由！

你现在做的事情与你过去五年做的有什么区别吗？它们之间有什么联系吗？

你最喜欢自己工作的哪个方面？

你最讨厌自己工作的哪个方面？

你通常在什么事情上拖拖拉拉？

你最为自豪的是什么？

你如何描述自己？

你认为自己最需要改善哪些方面？

此时此刻，你觉得自己为人生的成功花费了多少功夫？

此时此刻，你认为自己的总体身体状况如何？能量状况呢？自我保健呢？

此时此刻，你认为自己的人生充满乐趣和幸福感吗？如果不是，请用0~100分描述。

如果你能让某种恐惧永远消失，你会选择哪种恐惧？

你想在人生的哪方面获得突破？

16　自我价值：你的价值决定了你的位置

"如果目标和方向不明确，你的努力和勇气将会显得格外虚弱。"

——约翰·肯尼迪（John Kennedy）

清楚明了自己的价值观是了解自己最重要的步骤之一。因此，让我们谈一谈价值观吧！这里，我们不谈道德，也不谈仁义，我们关注的是什么价值观能燃起你的激情，鼓励你一直前进。

如果我们明白自己的价值，就能更容易吸引自己需要的东西。现实生活与自我价值的巨大差距是苦难与压力的根本原因。只有清楚认识自己的价值，我们才能更好地了解自己及自己的行为。**如果目标与优势一致，你就会发现阻力不断减少，你会更快地实现目标。**

两年前，当我开始清晰明白自己的价值之后，我的生活发生了翻天覆地的变化。我开始意识到工作中和生活中的压力来源（因为我没有好好利用自己的价值），我开始更加理解自己对外部环境的反应。每个人的身上都有很多价值，但是，你知道人生的根本价值是什么吗？

一个人最重要的价值在于其是否能给自己和他人带来欢乐，是否能保持平和的心态以及是否能获得满足感。我的个人网页上有很多个人价值，你可以把该列表下载下来，然后选十个最符合自己情况的。之后，再从中选出最好的四个。

同时，请尝试回答以下问题：
你最看重自己人生中的哪些方面？
是什么让你有了人生目标？
当感觉内心平静时，你通常会做什么？
什么有趣的事情能让你暂时忘记时间？
思考一下你欣赏的人。你欣赏他们什么？他们有什么独特的品质吗？
你最享受什么？什么时候能让你感到愉快和满足？
你最不能忍受的是什么？请列举。

让我们想象一下吧：
闭上你的眼睛，放松一会儿吧！
请想象这是你的 75 岁生日。你悠闲地漫步于家中，家中坐满了亲戚朋友。你生命中最重要的那个人，他有什么最值得你喜欢的？你的朋友呢？你的某个家庭成员呢？请把答案记录下来吧。

17　强化优势：把精力用在刀刃上

"成功者从来都是那些清楚自己天赋的人，他们去除天性中的糟粕并将其发展为有用的技能，他们利用这些技能来实现自己的目标！"

——拉里·伯德（Larry Bird）

每个人都不可能做到事事精通，但我们能好好把握自己的优势。请记住：我们在专注某件事情的时候，其实也在发展其他技能。请看以下的一些指导，它们能帮助我们发掘自己的优势。

1）请列出自己最优秀的五个品质和最突出的五个专业优势；

（你的独特优势是什么？你最自豪自己的地方有哪些？你做得最好的方面有哪些？）

2）请列举自己最突出的生活成就和职业成就；

（你最为自己的哪方面成就感到高兴和自豪？）

3）列举自己的职业财富和职业之外的财富；

（你认识哪些人？你知道什么？你有哪些天赋？你有什么独特的优势？什么让你感觉自己非常强大？）

请进一步强化练习自己的优势!

行动指南：

如果你已经准备好了，那请你先给自己的五位朋友或者同事发送邮件，让他们说出你最突出的优势。这些答案会带给你启示，它们能真正提升你的自信心!

18 提升自信：找到自己的成就感

"越是欣赏生活、越是感恩生命的人，就越能发现生活处处充满欢乐！"

——奥普拉·温弗瑞

这一章非常重要！我最喜欢提升培训客户的自信心，也喜欢提升自己的自信心。自信心训练能带给我们力量，帮助我们意识到自己的人生成就！我们总是与不可能实现的事情纠缠，我们总是记住自己的失败，却总是忘记了自己的成就。我相信，每个人在自己的人生中都有不俗的成就。在这一章中，我们会共同探讨自己过去的成功，我们会好好利用这些成功的事例，他们就像火箭燃料一样，能帮助我们实现目标，为我们未来的成功奠定基础。因此，现在需要考虑的是：到目前为止，你人生中的成就有哪些？

你顺利从大学毕业，你周游世界，你事业成功，你有很多朋友；或者你曾尝试一个人在国外居留一段时间；或许你从艰难的童年生活中挺了过来；或者你克服了不少挫折；或许你养育了几个出色的孩子……这些、那些你战胜的挑战、你实现的成功都是你人生的财富。因此,让我们好好地回顾它们、感恩它们吧!

还记得我们曾谈到过专注的问题吗?专注意味着:我们越是记住自己过去的成功,越是认可自己过去的成功,就会变得越加自信。如果你将自己的精力花在获取成功上,你就会发现更多成功的机会!

现在就把自己过去的成就罗列出来吧!轻拍自己的肩膀,鼓励自己:做得很好!感受成功的愉悦是非常重要的!现在就让我们进入成功时的状态,在脑海里想象当时成功的情景,再次感受当时成功的喜悦吧!

行动指南:
请把自己人生中最骄人的成就罗列出来!
大声读出以上成就,让自己感受一下它们的强大力量!

19　记录目标：时刻明确自己的定位

"目标明确的人能在短时间内获得成功，这种速度是没有目标的人难以想象的。"

——布莱恩·特蕾西

"目标是有期限的理想。"

——拿破仑·希尔

对于实现人生理想，绝大部分人甚至不知道应该从哪里着手。大部分人总是高估了一个月，却低估了一年。一小步一小步，适时做出调整，久而久之，你就能获得巨大的成就，这或许是你以前所不能想象的。在这个过程中，你不仅实现了目标，最重要的是，你还提升了自己。过程（包括订立目标）总比结果重要。

我们为什么要把自己的目标记录下来？因为它能激发我们采取行动！只有清楚定义自己的目标，我们才能走向成功和幸福。

目标就像是 GPS，能引领我们走向成功。但是，没有明确的目的地，哪来正确的指引？订立目标是非常重要的一步，因此，我们应该时刻以目标为导向。

记录目标是实现理想的第一步。未记录目标之前，我也非常怀疑这一步骤的有效性。当我开始之后，我后悔莫及，我恨不得自己二十年前就能这么做！此后，我变得更加高产，变得更加专注于自己的目标，实现的速度也令我咋舌。老实说，把目标写下来确实令我感觉难受，因为要承认自己的目标，并用文字强调意味着我需要赤裸裸地袒露自己的成就，面对自己的失败和挫折，一开始我也觉得自己根本没有勇气承担这一切。

把自己的目标写下来是十分重要的，原因有以下这些：

把目标写下来，你的脑袋会下意识地认为它是最重要的事情。人的一天大概有50 000至60 000个想法，如果不把重要的记录下来，它自然就会被遗忘。

把目标写下来，你就会将精力放在有利于实现目标的事情上。把目标写下来，你就能做出更正确的决定，你就能有目标地往前迈进，你就能时刻提醒自己此刻正在做的事情是否有利于自己，你是否在浪费时间。

每天回顾一下自己写下来的目标，因为这样能促进你的行为。每天询问自己"我此时此刻做的事情可以帮我靠近目标吗？"等等，因为这样能帮助你分清楚事情的重要性，安排好一天的工作！

想要改变，我们必须首先清楚地知道自己的目标。之后，我们需要把目标细分为可行的细微步骤和行动，我们需要把实现目标所需的步骤全部罗列出来。然后，我们需要预计一下时间。请切记我们必须为每一个行动、每一个小目标设定期限。要是我们不能在预定的日期内完成目标，我们也不要灰心沮丧。设定期限只是让我们更加专注于目标，让我们有一定的紧张感，而不把时间浪费在漫无目的的事情上。在培训中，我最喜欢说："有期限的理想会成为可行的目标。"因此，为了实现理想，我们最好给自己定立目标。

以下的练习要求你写下自己对未来十年的期许。我希望你能写下自己想获得的东西，而不是你现在认为可行的东西。因此，大胆地写吧！不要限制了自己的想象力！你在这里记录下的答案代表着你未来生活的走向。我们必须在脑海里清晰地呈现自己的目标。我们必须暗示自己已经完成了该目标，现在，你能想象成功的模样了吗？

你必须拥有专属于自己的目标，目标必须具体，目标必须积极可行，只有这样，你才能切实为目标贡献自己的一切力量！自我犒赏也是十分重要的：无论付出的努力是否成功，在追寻目标的过程中，我们都必须奖赏自己，我们不能只看重结果！不要惩罚自己！时刻提醒自己，"我"在不断进步，我比一个星期前或一个月前进步了很多！

以下是其他一些有用的建议，它们可以帮助我们实现目标：

把一张写有目标的小卡片放在自己的包包里，每天重复四五次。

请罗列出需要做的事情，这对于实现目标大有裨益。把行动步骤写在上面，预计每个步骤需要花费的时间，给每个任务设定一个期限。

均衡目标（目标最好包含健康、经济、社交、事业、家庭、精神需求）。

指导练习：

（1）对于未来十年，你理想中的生活是怎样的？不需要限制自己的想象力，尽情发挥吧！

（2）为了实现未来十年的目标，你的五年目标是什么？

（3）为了实现未来五年的目标，你的一年目标是什么？

（4）为了实现未来一年的目标，你的三个月目标是什么？

（5）为了实现未来三个月的目标，你现在需要采取什么行动？

至少写下三个目标，然后采取行动吧！

第三章

学会战胜
负能量

20 学会拒绝：不懂拒绝，你就自己干到死

> 要是有人冒犯我，我会直接拒绝，而不是躲避。
> ——西尔维斯特·史泰龙（Sylvester Stallone）

有一种恐惧叫害怕拒绝！我们不敢邀请女孩跳舞，因为我们害怕被拒绝；我们不敢投递简历，因为我们害怕被拒绝；我们不敢要求升级商务课程，因为我们害怕被拒绝；我们不敢要求坐到餐馆最好的位置上，因为我们害怕被拒绝；等等。

但是，要想实现人生目标，我们必须学会处理拒绝。拒绝是人生的一部分。要想克服害怕拒绝的心态，我们只需要战胜自己的思维。被拒绝与失败一样，我们要用积极的方式看待它，化弊为利。闻名遐迩的成功人士其实本质上与你并没有太大差异。不同的是，**他们更懂得处理拒绝**。现在，相信你对处理拒绝的重要性有一点了解了吧。在追寻成功的道路上，我们必须面对诸多的拒绝。不要把拒绝当成自己一个人的事情，不要总是耿耿于怀。

试想：如果你邀请某人约会，而他不愿意。在这种情况下，被拒绝跟你没有发出邀请是一样的。你没有发出邀请的话，他也不会跟你约会。你所得到的结果和所处的情况都一样！拒绝并不会产生任何问题，问题的根源在于被拒绝之后，你的内心独白开始作怪："我就知道我做不到。我就知道我不够好！爸爸是对的，我的一生注定一无所成……"被拒绝并不可怕，重要的是被拒绝之后，我们还能继续前行！成功的销售员从来不害怕被拒绝，他们乐意接受拒绝，因为他们相信，拒绝是认可的前提，就像失败是成功之母一样！为了顾客的认可，他们一天可能要面对上百次拒绝。拒绝就像是一个数字游戏。成功的追求者都非常擅长处理拒绝。他们知道，一个晚上与25位女孩聊天，总有一个会接受他的邀约与他一起畅饮。而不擅长追求女孩的人总是害怕被拒绝，听到两三次"不"之后就打退堂鼓了。

因此，要想成功，你必须准备好接受拒绝。处理拒绝的秘密在于永不言弃。如果某人拒绝了你，请不要放弃，**将精力转移到下一个目标吧**。你知道西尔维斯特·史泰龙的电影剧本《洛奇》（*Rocky*）被拒绝了70多次吗？你知道杰克·坎菲尔德（Jack Canfield）和马克·维克托（Mark Victor）的《心灵鸡汤》曾经被拒绝130次吗？当坎菲尔德说出自己的目标是销售1 000 000本时，他遭到了所有人的嘲笑，他的编辑也跟他说："你能卖出20 000本就很幸运了"。然而，他的第一本《心灵鸡汤》卖出了8 000 000册，而整个系列的销售量之和则达到 500 000 000 本！还有，相信大家都认识 J. K. 罗琳吧，她的《哈利·波特》也被拒绝了 12 次！

所以，为什么不向他们学习呢？

21　近墨者黑：远离身边的负能量

"内在能量与毅力能打倒一切！"

——本杰明·富兰克林（Benjamin Franklin）

"思想的力量乃生命之本质。"

——亚里士多德

我们的内在能量能够引领我们走向成功和幸福。在人的一生中，总有损耗能量的东西，也总有增加能量的东西。不要低估内在能量的威力，要时刻保持能量满满的状态。在培训课程中，我总是向客户强调多参加有益的活动，因为有益的活动能给我们带来正能量；尽量远离消极的活动，因为消极活动带给我们的都是负能量。

当内在能量不足时，我们就会觉得不舒服，我们就会不高兴，我们就会将负能量传播给别人，最终，我们就会成为负能量接收体。请远离负能量的活动，例如：请远离不健康的饮食习惯，请停止酗酒，请不要吸毒，请不要滥用咖啡因，请不要过量服食糖，请停止抽烟，请合理运动，请远离消极的东西，请停止挖苦别人，请放弃漫无目的的目标，请远离是非，等等。以上这些东西都会消耗你的能量。此外，我们还必须知道：同事、朋友甚至家庭都可能成为我们的"能量吸血鬼"。请远离释放负能量的人，他们只会消耗我们的能量！

管理内在能量的时候，我们需要非常"自私"，你需要：
消除所有让你分心的事物。
完成自己尚未完成的事务。
尽量做到不忍耐坏习惯。
停止与消耗自己正能量的人交往。

问题：
生活中，有哪些东西正在消耗你的能量？
你将如何处理它们？

22 战胜低效：别让低效拖垮你的人生

> "我们不应该在无益的人事上浪费时间，因为不管多么有效率，也只是无用功。"
>
> ——彼得·德鲁克（Peter Drucker）

你是否经常加班却还是觉得时间不够？你是否也梦想一天有28个小时？但这不是解决问题的办法，我们必须承认，我们一天只有24个小时，这对于全人类都是一样的。噢，我想我们应该把精力放在时间管理上，做白日梦是没有用的。噢，实际上，我们还不能在真正意义上"管理"时间，我们能做的只是明智地利用有限的时间，管理好自己的事项。请教我的人都说："我没有时间去……"其实，**创造时间最有效的方式是减少消遣的时间**，例如看电视。如果每天看电视的时间减少1个小时，一年我们就为自己多争取了365个小时。也就是说，我们一个月就多出了至少28个小时，一个星期多出了7个小时,我们何愁时间不够呢？创造时间的另外一个办法是早点起床（见第25节）。

我们应该按照重要及紧急程度排列自己的事情，然后，我们应该给每一事项安排合理的时间。该做事的时间，禁止别人打扰自己。向自己，也向别人明确说明自己闲、忙的时间。只要我们珍惜自己的时间，别人就会尊重我们的时间，这样，我们就能拥有更多的时间了。如果你任意让别人打扰，别人就会觉得你的时间并不宝贵，这样，你的效率就会大打折扣，这不是你加班就能弥补的。最新研究表明，一个人的工作被打断5分钟，实际上，他需要花费12分钟才能恢复到正常状态，因为我们的脑袋需要7分钟进行缓冲。你每天需要应对多少次打扰？10次吗？12次吗？试想，如果能减少被打扰的次数，你能为自己争取多少时间？每打扰3分钟，我们就被消耗10分钟。假设我们在一个工作日被打扰12次，这已经浪费你2个小时了。如果连续一个月都这样的话，你就少了一个星期的工作时间了。因此，请拒绝员工、朋友或客户打扰你。现在就向他们表明自己的态度！

另一个消耗时间的罪魁祸首是社交媒体和电邮。因此，我们可以定时接触社交媒体和电邮，这样我们就可以合理利用时间，争取更多的时间做重要的事情。学会说"不"之后，我为自己争取了更多的工作时间。我节省时间的第一方法是每个星期日花费30至60分钟计划下一周的安排。我每周的私生活目标和事业目标都记录在EXCEL表格里。请不要忘记给自己留一点空闲和休息时间，例如：打盹时间、阅读时间、冥想时间等等。也要给自己安排一点缓冲时间,用以处理紧急情况。此外,我每天会花费15分钟来计划第二天的安排。这样,即使在睡觉的时候,我的潜意识也能为第二天的工作做好准备。这真奏效!第二天,我不再需要花费时间去思考太多:我只需要轻松地去上班。

节省时间的其他建议:
罗列每日的待办事项,标明每一事项需要的时间。
每个电话的通话时间限制在五分钟以内。
每打一个电话,你都需要有明确的目的。
争分夺秒,你就能更快地完成工作(设闹铃时刻提醒自己时间)。
每晚写下第二天需要完成的五样事情,并按照重要性和紧急性原则排列。
把时间分成一段段(例如90分钟为一段)。
追踪自己的时间。通过追踪日常活动,观察自己利用时间的效率。
先做自己不乐意的事情。
不要盲目忙碌,要以结果为导向。

请小心以下时间"吸血鬼":
缺乏完成任务的信息。
什么都自己亲自处理。(分配给别人不行吗?)

很容易分神。(专注于任务、设定界限!)
通话时间过长。(把每个电话限制在五分钟以内)
花费太多时间寻找文件。(注意条理性!)
总是用一种方法处理问题,不敢尝试其他办法。
认为自己的时间要迁就别人而忘记了自己的任务。

那么,接下来我们需要采取行动了。不要再继续用"没有时间"这个借口了。我们可以细化自己的时间,每一小段时间只安排一个小任务,这样我们就能节省时间。只要尝试一下以上建议,你就能亲身感受到时间效益的变化。你有自己的计划了吗?在开始前,请记住决定和习惯是最重要的!

行动指南:

请写下五件现在就需要做的事情吧!

23 战胜混乱：条理越清楚，办事越高效

> "在做事之前，我们需要保持条理性；否则，一切将会混乱不堪。"
>
> ——A. A. 米尔恩（A. A. Milne）

> "花一分钟时间整理，你就能为自己多争取一个小时。"
>
> ——佚名者

许多人总是以忙碌为借口而忽略条理的重要性。你的文件堆积如山，散落在桌子的各个方位。你总是觉得自己很忙，忙得喘不过气来，即使加班，也不能处理好工作。如果你的情况是这样的话，请认真阅读这一节，因为这一节的对象正是你！

不是因为忙碌而杂乱无章，是因为杂乱无章而忙碌！更为糟糕的是：忙碌不代表高效率！办公室里堆积如山的文件不代表勤奋。研究表明，管理人员每天需要花费30%~50%的工作时间用于寻找文件。是不是非常不可思议呢？

因此，那些深受杂乱所害的朋友，请你们继续往下读，照着下面的建议做，因为它们能改变你们的人生！我也曾经深受其害，但是我通过下面的方法解决了这个问题：

利用工作前的 15 分钟，根据重要性和紧急性安排事务的先后顺序。

每周花费一个小时的时间整理文件。

每天花费 15 分钟的时间扔掉不需要的文件，收拾桌子。

利用下班前的 15 分钟，思考一下明天该做的任务。哪些工作是重要的？哪些工作是紧急的？

利用邮箱提示代办事项。将已经解决的事项进行存档，将未解决的事项留在收件箱。

要是处理邮件或某些任务只需要五分钟，请在收到的第一时刻就处理它们。不要留在后面了，立刻处理吧！

除非自己可以控制情况，否则不要接受新的任务。

第一次做的时候就要把事情做正确，否则事情只会总缠着你，浪费你越来越多的时间。

或许你已经发现自己的大部分同事都能很快完成任务，但是事情做得透彻了吗？不，在之后的每个步骤，你总是需要问他这个那个信息。有些人总是匆匆完成任务，他们可能花费 5 分钟，而不愿意花费 15 分钟把工作做透彻，把所有文件做正确。但是，下一次他需要来来回回询问三四次，需要花费30分钟重新整理他的工作。因此，有条理地处理任务只需要15分钟，而没有条理的工作处理看似非常迅捷，实际上花费了35分钟。所以，我特别强调做事情要做精确，从第一次就要做到最好！

24　战胜讨好：讨好永远换不来尊重

"成功没有公式，但是失败往往是因为讨好别人。"

——比尔·科斯比（Bill Cosby）

停止讨好别人提升了我的生活质量，而且效果显著：我开始做回自己，这时候我才发现，其实很多时候我都在迁就。**当真的认为不合适的时候，我们就应该说"不"，这时实际上你是在肯定自己，对自己说"是"**。以前不懂得说"不"，所以就算不愿意与他们一起外出，或者不愿意参加某个活动，我还是顺着别人的意思了。结果很明显，即使我人到那里了，但是我的心思不在那里，因此，我无法做一个令人舒心的伙伴。当我决心遵循自己的内心，该说"是"的时候说"是"，该说"不"的时候说"不"时，我感到轻松多了。此后，我与朋友外出的时间少了，虽然一开始说"不"很难，但至少我每次与他们外出都是出于真心实意，我的人在那儿，心也在那儿。

在工作中学会说"不"之后，我的事业发生了翻天覆地的变化。初在西班牙工作的时候，我想讨好别人，成为同事眼中的好人,所以,对于别人的请求,我一概答应。你能猜到后果吗?因为实在太多人要求我帮助了,所以工作淹没了我,别人不愿意做的事情统统抛给了我。最后我终于忍无可忍,我下定决心阻止这种态势继续蔓延,我对自己说"我受够了"。从那时开始,我对别人的所有请求一概说"不","对不起,我做不到!""我也非常忙碌"。开始说"不"之后,我的事业有了很大转变,我为自己腾出了很多空闲时间。但是,我们并不是对什么都说"不",我们要保证自己问心无愧。对于那些不理解的人,你可以跟他们解释,你不是针对他们,只是你也有自己的考虑。我还是会帮同事,只不过我的帮助仅限于自己愿意的范围,仅限于自己有充足时间的时候。我感觉自己突然掌握了主导权。如果我准备帮忙的话,我会首先跟同事说清楚我这次只是帮他忙而已,不代表这任务永远落在我身上,而且我不承担最终的责任。这是自私吗?或许吧!但切记,谁是你生命中最重要的人?是的,你才是自己人生中的主角。你必须对自己负责。你要好好的,这样你才能有益于别人。从这个角度看,你才能为别人奉献。因此,切记!切记!自己首先要好好的!或许你一开始可以说"尽量吧",但你最终还是要做确切的决定,这样你才能为自己赢得更多的时间。只要你开始说"不",你的人生将变得容易很多!

请回答下列问题：

你为谁而生？你为自己生活吗？还是你想要讨好别人，满足他人的期望？

你觉得自己现在应该对谁说"不"、对什么事情说"不"？

行动指南：

将你拒绝做的事情——罗列出来！

25　学会早起：早起一小时，人生大不同

"黎明之前起床有助于健康，有益于积累财富，有利于增长智慧！"

——亚里士多德

如果我们早起一个小时，一年我们就为自己多争取了 365 小时。显而易见吧？当学员跟我诉苦说自己时间不够的时候，我首先会反问他们你一天看多少小时电视。把看电视的时间节省下来，他们就有时间做认为缺乏时间做的事情了。至于那些不看电视但还是缺时间的人，我会建议他们早起一个小时。

在日出之前，人有一种特别的能量。自从我开始在 5:30 或 6:00 起床，我的人生完全改变了。我的内心变得更加平静，我的心态变得更加放松，我起床的第一件事就是自觉晨跑，不需要强调，不需要压力。在日出之前，我已经跑步半个小时。返程时，我就能见到太阳在地中海以外升起。这一情景是多么壮观啊！

看着这一画面,我已然感到幸福满满。

如果你不是住在海边:那田野的日出、森林之外的日出、大城市之外的日出同样也令人激动不已!试试去观看这一壮观的景象吧!当我们早起并以晨跑开始自己的一天时,我们就能感觉幸福,我们就能保持平和的内心。早起的另一个优势是:它能强化我们的自律性,我们的自尊心也会增强。许多成功的领导者依然保持着早起的习惯,他们都是"早起鸟儿俱乐部"的会员,例如纳尔逊·曼德拉(Nelson Mandela)、"圣雄"甘地(Mahatma Gandhi)以及巴拉克·奥巴马(Barack Obama),等等。

科学证明,人每晚只需要睡眠6小时,另外午休30至60分钟就足够了。一个人的精神和能量取决于睡眠质量,而不是睡眠时间。你需要尝试并找到最适合自己的睡眠时间。找到合适的睡眠时间之后,你必须尝试并坚持,因为这会大大改善你的生活质量!切记,我们必须培养自己早起的习惯,耐心点,不要因为第一个星期早起感觉非常疲累而放弃,因为我们至少需要三至四个星期才能养成这一习惯。要是你真的不能早起一个小时,那至少尝试早起半个小时吧!请不要忘记,态度、想法和信念对于这个习惯能否养成非常重要。我曾总是疑惑,为什么睡眠七八个小时后,我依然会觉得6:45起床去上班很困难?在此之前,我的每份工作都只允许我睡眠四个小时,但我依然能够在闹铃响起来时准时起床,而且我还特别精神,能量满满。最终我才发现,起床和睡觉只不过是自己的一个决定而已!我们完全能够控制自己的睡眠时间!

26 保持精力：别把精力浪费在大众媒体上

> "真正的民主文明会释放真实的信号，引导大众思考，而不是催眠大众！"
>
> ——翁贝托·艾柯（Umberto Eco）

你是否想大步向前？如果是，你不妨看下以下的建议，因为它能帮你争取更多的时间和精力用于发展自我。你一天花费多少小时看电视？美国人一天平均花费4至5个小时，欧洲人也如此。也就是说，普通人一般一个星期要在电视上消遣28至35小时。是不是太惊讶了？因此，缩短看电视的时间，你就能为其他有意义的事情争取更多时间。除了节省时间，减少看电视还有其他额外的益处。电视机是精力的第一杀手，就算不是唯一，也肯定是最恶劣的影响因素之一。**请不要再看电视新闻了，最好关掉你的电视机！**为什么要给自己灌输如此多的负面事件和消极情绪？为什么要强迫自己接受电视机带给你的种种垃圾信息？与其把时间浪费在看电视上，不如重新培养一些健康的生活习惯，例如：散步、与家人共聚、看一本好书等等。

多年前，当我意识到电视新闻无形中给我强加了不少压力的时候，我便开始放弃观看了。那时，我看完早晨新闻才去上班。在上班的火车上，回想起听到的新闻，我不禁沮丧难过。我对自己说："工作场所已经让我感到十分压抑了，我不能再因为其他事情而忧郁惆怅了。政治家 A 说了什么，银行家 B 做了什么，C 地区发生了战乱，这些事情我看了也管不了啊。"停止观看新闻一个星期之后，我感觉整个人都舒服了很多！不相信吗？你也试试吧！一个星期不看新闻，然后感受下那种幸福的感觉吧！

西班牙人说："无知的人才最能体验幸福的滋味。"但我不建议看新闻的目的不是让你变得愚昧无知！你可以阅读报纸，但是我建议你只看大标题！通过大标题，你就能掌握最新的事实态势，而且你还能从自己的家庭、朋友、同事那里获得实时的消息。但是，请不要受过多的垃圾信息影响，你的脑袋要有选择性地接受。

如果以上文字还不能说服你不看电视的话，你不妨看看这方面的著名书籍，它会告诉你媒体是如何操纵大众的，媒体是如何悄无声息地发布"虚假"信息的。因此，我们应该控制接受信息的来源。请确保脑袋接纳的东西能起到积极作用！不要再观看垃圾节目了，观看纪录片或者喜剧吧！不要再在车上收听新闻了，听听有声书籍或者励志 CD 吧。

27 忘掉应该:做自己愿意做的事情

"选择永远比机会重要,因为选择能决定一个人的命运!"
——吉恩•耐德琪(Jean Nidetch)

你是否觉得自己人生中有很多"应该做"或者"必须做"的事情,但从来没有做过呢?你人生中有多少个"应该"?你是否应该运动多点?你是否应该多去点健身房?你是否应该停止吸烟?你是否应该吃得健康一点?你是否应该多与家人共处?

这些"应该"并不能帮助你,相反,它们时常暗示你:你不够好!它们会消耗你的能量,因为它们拷问你的良心,让你不得不折磨自己!"我为什么不去健身房啊?我的身形太糟糕了,我就是瘦不下来!"诸如此类的自我埋怨都会腐蚀你的意志,让你变得越发消沉!把自己觉得"应该"做的事情全部罗列出来,然后彻底忘记!

很惊讶吗?是的,我就是要让你忘记它们!我不是开玩笑的,忘记吧!如果给自己订立的某个目标已经过去一年,但还是没有付诸行动的话,那你最好马上忘掉它!如果你本打算到健身房做运动却有整整一年没去了,那请你忘掉这个目标!忘掉这些莫须有的目标的同时,你也解放了自己的良心,你不再为没有实现目标而自责!因此,把所有"应该"扔掉,重新为自己订立一些可行的目标吧!

不要强迫自己做"必须"做的事情,根据自己的意愿选择适合自己的目标吧!现在就尝试把"我应该""我必须"换成"我自愿""我决定""我会""我想"吧!

我决定要做多点运动,我会吃的健康一点,我选择读更多的书籍,等等。这种感觉跟"我应该""我必须"有着天壤之别吧?

根据自己的兴趣实现自我发展是非常重要的。选择自己享受的活动,不感兴趣的不要做!

行动指南:

把所有"应该"罗列并忘记,或者用其他方式代替,如"我选择""我决定"。

28 战胜恐惧:恐惧只是虚构的假象

"恐惧比苦难本身更可怕!"

——保罗·戈埃罗(Paolo Coelho)

"直面恐惧,我们才能从实践中获得力量、勇气和信心。因此,不敢做的事情尤其值得去做!"

——埃莉诺·罗斯福(Eleanor Roosevelt)

千万不要让恐惧侵蚀你、限制你、麻醉你!大卫·约瑟夫·施瓦兹(David Joseph Schwartz)也曾经说过同样的道理:"克服恐惧的唯一方法是直面恐惧。"此外,马克·吐温(Mark Twain)在一百多年前也曾经说过类似的话:"人纵然有犯错的时候,但比起犯错,蓦然回首,我们会更后悔自己不曾尝试的事情。"而我也认为:"不要为自己做过的事情而后悔,我们应该为不曾尝试的事情感到惋惜。"因此,请直面恐惧吧,因为90%的恐惧完全是虚构出来的!恐惧只不过是一种幻觉而已!你所恐惧的灾难或者困难是缺乏根据的,是永远不会发生的,它们只不过是你脑袋的构想罢了。就像全世界最著名的肥皂剧导演——哈维·埃克（Harv Eker）所说，我们只不过是想留在舒适区而已！但是，个人发展、成长、成功等值得骄傲的成就从来不会出现在舒适区。

恐惧实际上是一种大脑保护机制。因为自我保护，大脑会对陌生的东西敬而远之。我的生活一直充满了恐惧，但是我懂得如何克服恐惧。我明白，恐惧的背后隐藏着巨大的机会。因此，我习惯性地把恐惧当作跳板。**害怕的时候，问自己："我做了会有怎样的结果？最差的结果是什么？"** 然后评估是否值得冒这个险。

当心！如果踌躇不前，不跳出舒适区的话，后果可能会更加严重。犹豫的时候，不妨问下自己："**如果我原地踏步的话，我需要承担怎样的后果？**"这样的后果比冒险采取行动更加严重吗？我所指的后果还包括心理方面的纠缠，例如平和的心态、幸福感和健康，等等！改变与恐惧的关系吧！不要被恐惧打倒，相反，让恐惧提醒自己、引导自己，只要不让它麻醉自己就行！例如，我一度被恐惧所麻痹，五年来，我的事业陷入困境，这不是因为其他，正是因为我害怕改变、害怕未知。现在，当我被恐惧和疑惑侵袭时，我就会对自己说："恐惧和疑惑的存在恰恰证明了我走的路是正确的！我需要做的就是采取行动！"

人生就是不断尝试新颖的东西，尝试不可能的东西！幸运的是，一旦克服，最恐惧的东西就会成为最有益的东西，它能帮助我们实现个人发展和成长！因此，越害怕越需要尝试：你是否害怕给某人打电话？不要犹豫了，打吧！你是否担心给某人发邮件？不要犹豫了，发吧！你是否害怕询问某人？问吧，看看什么结果再说！当意识到自己因为某事物而害怕时，直面它、观察它、分析它吧！不要相信恐惧真的存在，它只不过是我们的心理活动而已！相反，我们必须拷问恐惧："恐惧，你都是我的老朋友了！你为什么又出现了？你居心何在？你不会是想麻痹我吧？不，你只是想提醒我吗？你又想要什么花招了？"

你害怕什么？你害怕失败吗？你害怕挑战吗？你害怕犯错吗？不管怎样，照苏珊·杰弗斯说的做吧："所谓直面恐惧，不是要消除它，而是要感受它的存在，只不过该采取怎样的行动就采取怎样的行动吧！"如果你想人生有突破性发展，你必须冒险，你必须不断尝试自己害怕的东西！错误并不可怕，相反，我们还能从中吸取教训，这样，我们就不至于重复犯错！做决定也是一样的道理！不做决定或者拖延做决定本身也是一种决定！

请在工作本或日记本上回答以下问题：

你过上自己想要的生活了吗？如果没有，是什么阻止你拥有理想的人生？

面对挑战或机会时,你有踌躇不前的时候吗?如果有,你给自己的借口是什么?

要是做自己最担心的事情,你觉得最可怕的后果是什么?

29　战胜容忍：让自己待在舒服的环境里

"高山峻岭固然可怕，但更可怕的是自身的缺点！"
——罗伯特·谢伟思（Robert Service）

通常，我给培训学员上的第一课是排除心中的困扰。消除让自己难受的东西吧，因为它们会消耗你的能量！培训上的专业术语称此类困扰为容忍！例如，我们发现自己最喜欢的衬衫上缺少一颗纽扣而没有及时补上；我们看到脏兮兮的浴帘却不去清洗；我们知道橱柜打开却不去关闭；我们容忍老板的专制管理而不敢发声；我们容忍别人欠钱而不敢讨回；我们容忍脏乱的客厅而不去打理；我们容忍破损的工具而不去修理，我们容忍杂乱无章的桌面而不去收拾；我们坚持穿不合身的衣服而不舍得扔掉，等等。这些就是容忍！如果你不去解决这些问题，它们就会继续压榨你的能量！消除它们吧，只有这样，你才能有足够的精力集中于主要的事务上，你才能一往无前！

因此，尝试罗列出所有令自己困扰的事情吧：不管是私人生活上的、工作上的、关于房子的、关于朋友的，还是自身的，统统列出来吧！

不要担心有上百种困扰自己的事情！这种情况是非常正常的！把它们写下来之后再将其分类。把它们分成三组：把容易处理的归纳到第一组，把自己可以处理的归纳到第二组，第三组则是别人给我们带来的困扰。

两到三个星期再回头看看这些困扰。我在自己的培训学员身上发现了一个有趣的规律：部分因他人而产生的困扰竟然随其他困扰的解决而消失得无影无踪！

例如，我的客户马丁纳在工作上与某位同事水火不容。对马丁纳来说，这位同事简直就是能量"吸血鬼"。但是，当马丁纳处理了那些自己可以处理的困扰之后，其他的一些困扰也迎刃而解。三个月后，她的同事突然换掉了工作，离开了公司。大家认为这纯粹是一个巧合，还是处理容忍的结果呢？我还是不揭晓答案吧，这需要你自己慢慢领悟！但她在工作中感到快乐多了，这是一个不争的事实。你也尝试一下吧，我相信结果一定让你我都满意！

行动指南：

把困扰自己的所有事情写下来，私人生活的、工作上的、关于房子的、关于朋友的、自身的……全部罗列出来吧！

然后想办法解决它们！

30 扔掉杂物：别在没用的东西上耗费精力

"不需要的东西就是应该清除的垃圾！"

——查里斯·沃德（Charisse Ward）

你的生活需要补充什么新的东西吗？你注意到即使自己清理掉一些东西，但是清空的位置很快又被重新占据了吗？废物和凌乱会消耗你的能量！如果我们的房子中储存了太多没用的东西，它们就会侵蚀我们的能量！我培训学员的目的在于改善他们的环境，不管是宏观的还是微观的。我强调学员需要给自己创造一个整洁的环境！因此，各位读者也不妨尝试一下吧！先从自己的衣柜开始，照着以下建议去做吧！

一件衣服如果一整年都没有穿过了，那么我觉得你再也不会穿这件衣服了。

当你觉得某些东西"可能将来有用"或者"它能勾起我美好回忆"的时候，那这些东西你可以扔掉了。

当我收拾东西的时候，我通常把不要的东西送给别人。我能从中收获快乐，而且我觉得好人是有好报的，生活会回报我。收拾好衣柜之后，你不妨再扩大范围，把整个房间都整理一遍！之后，再收拾客厅、车库，直至整理完整个房子、整个办公室！记得，把不用的东西都扔掉吧，无论是衣服，日记本、书籍，还是CD，甚至是家具，等等！我的一个学员花了一个周末把自己的整个套间清理干净了！之后，他整个人感觉舒服多，也轻松多了！瞬间，他充满了能量，这让他很快完成了好几个短期目标！他的秘诀就是从不囤积杂物！你也尝试收拾一下自己的东西吧！

行动指南：

做好计划，利用一个周末把自己不需要的东西全部清理掉吧！

31 清理思想：做一个轻松快乐的人

"我们之所以留恋没用的东西，只是因为我们不敢做决定罢了！"

——芭芭拉·亨普希尔（Barbara Hemphill）

留恋没有用的东西与容忍是孪生姐妹！下面我给大家展示一个例子，这个例子是我的学员劳伦斯的真实故事！请看以下劳伦斯本人的描述：

当我逐渐抛弃生活中没用的东西时，我慢慢地找到了一种豁达的自由！以前我尚不知道什么叫作舍弃，于是我一直负重前行，我的生活有太多的坏习惯，我心里有太多的消极思想！这些坏习惯并不是我们司空见惯的陋习，如抽烟和酗酒。这些坏习惯始于不显眼的忍耐，但是，随着时间的推移，它变得膨胀起来，它对我的影响也越来越深！我只能无奈地接受，我告诉自己这不是我能改变的事实，它更加疯长了，直至彻底打倒我！背负着这些困扰，在别人看来，我懒惰，我停滞不前，其实我已经无法前进。于是，拖延症、失眠、厌倦工作、狂吃不止、责怪自己等等经常发生！我在人生路上迷失了方向，看不清自己的目标，我不得不任由这些困扰打乱我的一切，我不得不接受沉沦。

  幸运的是，我遇到了我的导师马克，他指引我放弃没有意义的东西。对我来说，这实在是天赐的启示。我立刻明白了当中的奥秘，一开始我还是对这个容忍的暗洞一知半解。我是如何深陷其中的？我又该如何跳出来？从马克处学习了一些技巧之后，我逐渐意识到一直困扰自己的容忍，我开始尝试一步步放下它们。我先把自己能够迅速解决的困扰挑出来并解决它们：我修理了窗台，使窗子能够打开；我把留在旧屋储物室的画作挂在了新屋；我更换了一直让我睡得难受的床垫。此外，我还挑出了那些一时半刻解决不了的困扰。对于这些困扰，我坚持不懈地投入精力。例如：在工作上，我不断挑战自己，于是，我收获了满足感和喜悦。我把这些困扰全部罗列出来并进行追踪，我始终认为这些困扰的责任在于自己！随着生活的不断继续，我不断遇到新的困扰，我会不断记录它们、解决它们！

  整理了这些困扰之后，我感觉整个人轻松了很多。以前，这些困扰一直缠绕着我的脑袋，让我不堪重负，艰难前行。现在，我拥有更多精力、更多精神、更多激情！

  希望劳伦斯的例子能给你带来启发！

第四章

寻找人生
的光明面

32 管理时间：在重要的时间做重要的事

"我们应珍视每一天，因为每一天都是恩赐。"

——拉尔夫·沃尔多·爱默生

一天中最重要的时刻在于起床后的 30 分钟以及睡觉前的 30 分钟。在这一个小时，你的潜意识的接受能力非常强大，因此，把关键的事情安排在这一时刻非常重要！

早晨 30 分钟的安排决定着我们的一天！相信我们都有过这样的经历：没有好好利用早晨的 30 分钟，于是时间越往后，我们的状态变得越来越差！相信我们也有过相反的经历，那就是：我们一起床就感觉精神饱满，我们感觉时间和事务完全在自己的掌控之中，于是，我们一天都过得非常顺利！这就是我强调要好好利用起床时间的重要性！绝大部分人从起床的第一分钟就开始忙乱不堪，这就是绝大部分人开启新一天的方式！因此，现代人容易感到紧张压抑就不足为奇了。

为什么不提早半个小时起床呢？那样你就可以有足够的时间

吃早餐了。为什么我们偏偏要选择狼吞虎咽呢？为什么我们要选择在上班路上吃早餐呢？为什么偏偏要把自己逼得那么急呢？为什么不尝试早起一点，留10～15分钟给自己冥想呢？这是一个非常好的早晨仪式呀！当逐渐养成这个习惯，你的生活将有什么改变，你知道吗？以下这些活动都可以作为早晨仪式，大家不妨试试！

积极思考：今天一定很好！

花5分钟把感恩的东西记下来！

冥想15分钟！

想象今天将过得很顺利！

观看日出！

跑步或者散步！

写日记！

每天结束前的30分钟也是非常重要的！睡觉前30分钟所做的事情会自然地留在我们的潜意识里，不会随睡眠而消失。因此，不妨尝试下以下活动：

写日记。

回顾一下今天所做的事情。你今天做了什么有意义的事情？什么事情是可以做得更好的？

计划明天的事情。明天有什么最重要的事情亟待解决？

把明天的待办事项罗列出来。

想象一下最令自己满意的日子。

阅读一些具有启发性的博客、文章或者书籍。

听听具有启发性的音乐。

我强烈反对读者在睡觉前观看那些令人不安的新闻或者电影。因为当我们进入睡眠状态后,我们很容易受到外部信息的干扰。因此,睡觉前我们最好收听或者观看一些积极的材料。睡觉前计划第二天的事情、把第二天的待办事项写下来,对我们来说也是大有裨益的,帮助我们节省时间是其优势之一。因为要做的事情已经扎根在潜意识里,所以第二天的工作效率将会大大提高;因为已经知道事情的重要性和紧急性,所以第二天就能专注于关键的事务上!

问题:

从现在开始,你将如何安排自己早上的起床时间以及夜晚的睡前时间?

你会考虑提早起床30分钟吗?你会考虑给自己创造一些早晨仪式吗?

你会怎么利用睡觉前的时间呢?

33　追寻梦想：让梦想点亮你的人生

"人生的目标不在于快乐！我们应该使自己的生命变得更有意义、更具尊严、更富慈悲！我们应该不断追求，追求更好的明天！"

——拉尔夫·沃尔多·爱默生

漫漫人生旅途，重要的事情有很多，其中一个便是寻找人生的目的。也就是说，我们要做自己喜欢的事情！**生活的目的在于当成功是理所当然的，当拥有 10 000 000 美金、7 所房子，当周游自己喜爱的地方之后，我们仍然拥有想要实现的梦想。**

实际上，我们工作的时间远比陪挚爱的时间多，因此，我们必须热爱自己的职业！2013 年"美国人口工作报告"民意调查显示，70% 的美国人不满意当前的工作！50% 的美国人不能全心全意投入工作中，而大约 20% 的美国人自动辞职离开公司！曾经我也跟那 50% 的美国人一样，那 5 年我没心思投入工作中，那种状态实在可怕！最可怕的是，我竟然浑然不觉！实际上，我们对自身、对自己所拥有的东西、对自己想要做的事情都有一些伟大的构想，我相信我们从不缺乏梦想！但我们为梦想付诸行动了吗？

追求梦想，我们必须在珍重自我价值的基础上设定合适的目标，我们应该选择与自己价值观一致的工作！如果我们的工作符合自己的价值观，我们就不需要反复寻求新鲜的刺激，我们需要做的只是坚持自己的所爱。这句话好像不太切合实际，但如果我们能找到自己生活的目的，一切都将迎刃而解。那时候，你会努力吸引别人，你会尽全力寻找机会，你会竭尽所能利用所有资源，然后，奇迹就会慢慢发生，这一切都是多么自然啊！做自己所爱是获得成功的第一法宝！

我的朋友依芬为追随自己的理想，毅然离开法律学校，在一家大型百货商店销售鞋子。她热爱帮助他人，也热爱鞋子，她的选择明显遵循了自己的价值观。她就是这么率性，即使人们总是取笑她，她也还是坚持自己的理想。人们甚至称其为"第一卖鞋小姐"。这应该不是什么赞美的话吧！但她从来不介意这样那样的玩笑，她继续沉浸于自己的理想。终于，她成了该百货商店的第一售货员，年销售额达数十万。她每年都会获得公司的年度优秀员工称号，她的工资也十分可观。事实上，VIP客户都只想接受她的服务，因为她的服务实在是太周到了。最重要的是，她非常喜欢这份工作，她在这里的每一分、每一秒都是快乐的！

如果你觉得自己就像一只没有方向的蜜蜂，找不到路标，没有指引，不知道目的地，又或者根本不知道忙什么，为什么忙，就像迷失了方向，整个人都是虚的，这些都是找不到人生目的的征兆。但不必担心，因为只要认清了自己的问题和状态，你就能马上找到自己的人生目标！通过观察自己的价值观、个人技能、兴趣爱好、志向以及擅长的领域，你就能找到自己的人生目标，因为这些正是目标的来源。以下这些问题能帮助你更好地确定自己的人生目标。大胆真诚地回答下面的问题，并把答案记录下来吧！写给自己看就好了，因此不必担心别人的眼光！**（切勿跳过任何问题，以前我一直逃避了15年，直至我勇敢面对，我的人生发生了翻天覆地的变化！）**

请根据自己的实际情况回答以下问题：
我是谁？我为什么而来？我为何存在？
我应该如何过好自己的人生？
在什么时候，我会觉得特别有朝气？
我曾经最在乎生活的哪些方面？
时间飞逝，我能做些什么？什么能激励我不断前进？
我最大的优势是什么？
如果成功是理所当然的，我人生的目标是什么？

如果我拥有 10 000 000 美金、7 所房子，周游自己喜爱的地方之后，我的人生追求是什么？

34　学会放松：散步也能改变生活

"早晨的散步有利于一整天！"

——亨利·戴维·梭罗（Henry David Thoreau）

条件允许的时候，多到户外走走，与大自然亲密接触！散散步，放松一下心情！观看日出日落！不妨尝试下早晨散步或跑步，这样你就能真正体会到亨利·戴维·梭罗所说的话了。

现代的生活节奏十分快捷、十分紧张，何不花点时间漫步林中，让自己与大自然接触，让紧张的精神得到放松呢？当我们聆听大自然的宁静的时候，我们就能沉浸其中，享受那种放松的感觉！因此，散步能为身体和精神注满活力，为我们加油！

斯坦福一项最新研究表明，散步能极大地改善我们的状态。当我的妻子在工作上遇到极大挫折的时候，当她处于崩溃边缘的时候，我和她坚持每天散步一个半小时。散步使她暂时放下了紧张的工作，忘记了烦恼，她开始尝试分析自己的情绪，她的精神得到了极大的放松。散步之后，她晚上更容易入睡了，她的睡眠质量也更好了。一个星期之后，她感觉整个人都舒服多了！此外，散步还给她带来了其他好处：散步消耗了她的部分体力，她开始放松警惕，她开始接受丈夫的规劝……

你是否也会尝试每天散步一个小时呢？尝试30天之后，你就能感受到散步的好处了！

35　坚持原则：赢得钦佩的好方法

"最好控制别人对待自己的方式！"

——史蒂芬·柯维（Steven Covey）

我们对自己的期望和要求要高，对待别人也一样！想要改变现有的生活，我们必须提高自己的标准。我们应该对碌碌无为、拖延症，以及其他一些影响个人表现的恶习零容忍！

我们必须拥有自己的原则，必须拥有自己一贯坚持的标准！例如，我们要一如既往地说实话，我们要一如既往地准时，我们要一如既往地倾听直至对方完成自己的会话，等等。坚持高标准规范自己的行为，更为重要的是，要给周边的人也设定同样的标准，以免他们越界破坏自己的原则！所谓界限，就是禁止别人冒犯自己，例如对你大声吆喝、嘲笑你、玩弄你、不尊重你等等。给他人释放清晰的信号，时刻准备回击，说明自己的立场，让别人不敢（再）冒犯自己！请记住这个谚语："语调决定一切，正确的语调能达到良好的沟通效果及带来积极的行为，而错误的语调则起到相反作用。因此，懂得说话的艺术是最重要的。"所以，让我们练习一下用平和的语调和声音说话吧，如："太阳正在升起。"

要是别人越过界限冒犯自己，你应该立刻义正词严地对他们说："我不喜欢你那样说我！"或者"我不喜欢你用这样的语气跟我说话！"如果他们再敢继续的话，你应该立刻制止他们："我叫你不要再用这样的语气跟我说话的！"经过前面的声明和反抗，我相信大部分人不敢再冒犯你了，但是，可能还是会有一两个特别恶劣的想要与你继续对抗！只要这样的人一日存在，你就必须坚持说："我说最后一次，你不能再这样跟我说话！"如果还是不奏效的话，那就离开吧！平静地走开，并说："我无法忍受这样子的你，我觉得这次会话无法再继续下去了。有机会再谈吧！"

请记录一下以下东西：

自己无法接受的东西！

自己无法接受的行为（他人的行为）！

你想要成为的样子，你想要拥有的东西！

36　心怀感恩：感恩会让人感到快乐

"感恩拥有的一切，你就会得到更多！相反，如果老是对求而不得的东西耿耿于怀，那么永远都不会满足！知足常乐！"

——奥普拉·温弗瑞

你明白奥普拉的话吗？每天心怀感恩的心，感恩自己所拥有的一切，你就会吸引更多值得自己感恩的东西！感恩能给我们注满活力，提升我们的个人价值。一个人是否感恩直接关系到她的身体状况和精神状态！"感恩的态度"能引导我们走向幸福，"感恩的心"是怒气、嫉妒和仇恨的解药！让感恩成为你的天性吧！**感恩自己拥有的一切，感恩自己所处的环境，所拥有的家人、朋友、同事，甚至让我们一起感恩自己尚未得到的吧！**

不要说："如果×××，那就太好了！"以前我也这样，但是现在，我呼吁大家要学会感恩！不管现在的生活怎样，不管发生什么事情，请把感恩当作一种习惯吧！起床时，我们要对自己说感谢，感谢自己所拥有的一切，此外，我们千万不要埋怨自己得不到的东西！因为抱怨会直接影响生活，带来恶果。把精力放在积极的事情上，放在每天的日常上！以下练习是我众多培训课程中的一部分。我建议大家都尝试一下，我相信你会很快体验到它们的效果的。

行动指南：

将自己感恩的一切、拥有的一切记录下来。想到的都写下来吧！（慢慢想吧，这一列表应该很长！）

连续21天每天在日记本上记录感恩的3至5个东西，睡觉前重新体会一下这种感恩的感觉，重新感受一下幸福的滋味吧！

37 大胆想象：敢想的人才敢做

"不要幻想未来，未来是要靠自己创造出来的。"

——彼得·德鲁克

想象是构建经验的基础资源。 只要天衣无缝，大脑的潜意识部分是不能区分想象的情景和真实的状态的。也就是说，如果我们想象目标的时候投入了足够的情感和添加了足够的细节，你的潜意识就会相信想象出来的目标是真实发生的。之后，你就能获得振奋人心的机会和想法，它们会帮助你改变现有的生活，实现理想中的状态。明白我的意思了吗？纯粹依靠想象，就能达到真实发生的效果！

是的，就是这么神奇！诸多研究表明，想象具有巨大的威力。早在20世纪80年代，美国军队的安东尼·罗宾斯（Anthony Robbins）就利用想象力这一武器大大改善了士兵的射击表现。还有其他一些研究表明，我们可以运用想象力提高篮球运动员的进球率。你细心观察一下运动员就知道，他们有时候在利用想象力来优化传球和投球。

此外，你还可以观察一下滑雪运动员、F1方程式赛车选手、高尔夫球运动员、网球运动员甚至足球运动员是如何利用想象力备战的。他们在比赛前的几个小时甚至几天前就已经想象好比赛可能出现的各种情境。例如杰克·尼克劳斯、韦恩·格雷茨基、格雷格·洛加尼斯等等都是运用想象力取得成功的例子。在培训中，我也教导学员运用想象力这一武器来实现目标。首先，我们得想象自己已经实现了目标。想象自己已经亲眼看见成功的样子，把自己的所有感官都用于想象成功：鼻闻其味道、耳听其声音、心感其样子、口尝其滋味！拟投入的感情越多，想象力对现实的影响就越大！如果我们每天坚持15分钟，久而久之，你就会发现想象力的巨大威力了。因此，让我们形成想象的习惯吧！让我们每天节省一点时间用于想象吧！我们可以把想象当成早晨仪式或者是晚上睡前惯例！

如果你能把代表自己目标的不同图像做成一幅拼贴画，贴在A3大小的硬纸板上，然后把它挂在自己的房间或者容易看到的地方，你就离成功不远了！买一些杂志吧，把能够代表自己目标的图片剪下来！你也可以把代表自己目标的图片制作成电脑或者桌面屏保。如果你的目标是追求更多的财富，那屏保的图片可以是自己理想的房子、美元钞票、或者其他你认为可以代表财富的东西。如果没有头绪的话，你可以在谷歌上搜索"愿景板"，那上面有很多例子。每天早晨起床花五分钟看一下自己的目标剪贴画,每天晚上睡觉前也一样,看的时候想象一下自己成功达成目标的样子吧!

38 正向思考：凡事多往好处想

"期望不仅影响我们对待现实的态度，还影响现实本身。"
——爱德华·琼斯（Edward Jones）

没错，我们就应该往最好的方面想！生活不能时时满足你的需要，但它不会亏待你的期望！你渴望成功吗？你总是担心自己失败吗？我们对自己、对他人的期望来自自己的潜意识信念，因此，它对我们的成就有巨大的影响。期望影响态度，态度影响成功！

积极的期望能够促进我们采取有效的行动，能够改善我们与他人的互动。其实，这不是什么秘密，只是绝大部分人还是忍不住胡思乱想！我们的脑袋总爱拷问自己："如果×××，那该怎么办啊？"这个问题时常把我们引导到一个死胡同里，让我们担惊受怕。例如，我们会问自己："如果她不愿意跟我外出怎么办啊？""如果我找不到工作怎么办啊？""如果我升不了职怎么办啊？""如果我失业了怎么办啊？"诸多此类问题只会让我们变得越来越难受，让我们无法集中精力去解决自己的恐惧，让情况进一步恶化！为什么不把问题反过来呢？为什么不把消极的思想变成对自己积极鼓励呢？例如，我们可以这样问自己："如果积极的那一面成真了呢？""如果问题变成有利因素了呢？""如果她愿意跟我出去呢？""如果我升职了呢？""如果这个主意让我变成百万富翁了呢？""如果我找到资源了呢？""如果我成功了呢？""如果时间刚刚好呢？""如果这本书能够改变我的一生呢？"

稍微调整一下问题，我们就可以改变自己，改变答案，收获正能量。此外，问题的方式不同，思维方式和内心独白也不一样。大家不妨尝试下转变自己的思维，与自己沟通时，采用积极的方式，而不是消极的。改变思维模式的好处在于：

你的压力、恐惧和忧虑将会迅速减少！

你的内心会变得更加平和！

你将收获正能量！

你将能创造自己的经验！

把还储存在脑海中的消极问题罗列出来吧！要学会积极看待人生！

39 放下过往：放下过去才能迎接未来

"我们必须放下虚妄的过去，迎接未来新的生活！"

——约瑟夫·坎贝尔（Joseph Campbell）

"以其终不自为大，故能成其大。"

——道德经（Tao Te Ching）

你是否觉得现在或将来的一切都源于过去？如果是的话，请立即停止！停止重蹈覆辙——不要总挂念着过去，有勇气放下过去的人才能敞开心扉接纳新的生活！

不要总是想着本应该的事情，不要总是惦记求而不得的东西，这纯粹是毫无意义的浪费时间！过去的事情已经不能改变！请谨记：**集中精力追求理想，不要把时间浪费在逃避挫折上**！如果对于过去的失败耿耿于怀，你只会遇到越来越多的苦难！**我们应该从过去的经验中吸取教训，然后轻装上阵**！忘掉过去，重新出发，这就是我们现在需要做的，不是吗？把精力集中在自己未来的追求上,而不是对过去的失败耿耿于怀。放开过去,你才能重获自由,你才能不断吸纳新的东西!扔掉旧的行李吧!忘掉无意义的事情吧!放开以前的关系吧!迪帕克·乔普拉说得很对:"我会利用记忆,但我绝对不允许记忆操控我的人生。"结束过去才能释放自我,才能获得真正的自由,才能享受当下!

从现在开始,我们应该主动与过去划清界限,过去即终结,不要给自己留下未完待续的关系、工作或其他事务。请一往无前吧!

行动指南:

你有未完待续的关系、工作或其他事务吗?请把它们都罗列出来,然后立刻采取行动吧!

40 学会奖励：每一点进步都值得嘉奖

"为自己的成功喝彩，你能收获更多的成功！"

——托马斯·彼得斯（Thomas Peters）

在前进的路上，在改善生活的旅途中，在实现目标的大道上，我们需要意识到自己的情况，需要了解自己取得的成果，这是非常关键的一步！在失意时，我们不妨放慢脚步，给自己一个鼓励和拥抱。当取得进步时，我们应该为自己庆祝，就像每周的进步一样，这种胜利或许并不显眼，但绝对不能被忽视！培训学员时，我会要求他们坚持庆祝自己的小小胜利！每一小步都值得庆祝！每完成这本书的一个练习，我们也应该犒赏自己：给自己买梦寐以求的礼物，去看看电影，做自己喜欢的事情。如果养成了好的习惯或得到了很大的提升，奖励自己一次短途旅行吧！你绝对值得这些奖励！

41　发现快乐：幸福其实很简单

"快乐是生命之目的与意义所在！"

——亚里士多德

快乐不是终点，而是一段旅程。快乐不是外在条件，而是人的内在状态。快乐是一种习惯，也是一种思维。

把快乐理解透彻的关键在于：快乐于你是什么？快乐其实很简单，你现在就能快乐！不相信吗？好的，那你闭上眼睛一会儿吧！想象一下能使你真正开心的情景。在脑海里重复这样的场景。感受它的样子，嗅闻它的味道，倾听它的声音，记住那种激动与快乐的感觉，然后回想一下刚才的感觉吧！你感受到开心了吗？幸福并不会因为车子、房子，或者其他外在物质条件而产生！就算你一无所有，你此时此地也能开心起来！

我们都想追求无穷尽的快乐，这是人之常情！在寻找理想幸福的过程中，请不要错过生活中的点滴快乐。享受周围的美好吧！享受细微的快乐吧！除非你已经退休或者中了彩票，否则请不要选择安逸的生活！利用自己拥有的东西，做自己喜欢的事情吧！把今天当成自己的最后日子，充实地过好每一天！时常保持微笑——就算心情不好，微笑也能给大脑传递积极的信号！乐趣和幽默是美好生活的基础，是长寿的基础，是从事业中收获满足感的基础，是个人成就感的基础，是私人关系的基础，是平衡生活的基础！所以，请尽量微笑吧！请尽量制造乐趣吧！

你符合以下情况吗？它能使你感到快乐吗？

有一份前途无限的工作！

喜欢自己的工作！

家有听话乖巧的小朋友！

拥有称心如意的合作伙伴！

拥有善解人意的父母！

自由！

…………

问题：

对你来说，幸福是什么样子的？（请具体说明）

上周你施与了多少微笑？

上周你收获了多少微笑？

行动指南：

请回想一下生活中的哪些时刻令你觉得特别幸福。请至少写下五个令你觉得最快乐的时刻：

1.＿＿＿＿＿＿＿＿＿＿＿＿＿＿＿＿＿＿＿＿＿＿＿

2.＿＿＿＿＿＿＿＿＿＿＿＿＿＿＿＿＿＿＿＿＿＿＿

3.＿＿＿＿＿＿＿＿＿＿＿＿＿＿＿＿＿＿＿＿＿＿＿

4.＿＿＿＿＿＿＿＿＿＿＿＿＿＿＿＿＿＿＿＿＿＿＿

5.＿＿＿＿＿＿＿＿＿＿＿＿＿＿＿＿＿＿＿＿＿＿＿

在脑海里重现这些开心的时刻，尽量让自己投入当时的情感和幸福感。然后，请描述你当下的感觉！

42　专心致志：集中精力让你事半功倍

> "大多时候，人是不可能一心多用的！你所以为的一心多用只不过是在浪费自己的时间！不停地转换任务，只会让我们一事无成！"
>
> ——博斯科·詹（Bosco Tjan）

我们做事情必须专心致志！最新研究表明，一心多用比一心一意效率更低，因为专心做一件事情可以集中我们的所有注意力，使我们的努力发挥到极限！

某些研究还发现，一心多用会使我们反应迟钝，变呆变傻！

即使你表面上是一心多用，实际上你还是只能一心一用，不是吗？你可能手头上有五个任务，但我可以明确地告诉你，你是不可能同时从事五项任务的！例如，你正在写邮件，突然被一个电话打断了！于是你停止写邮件，接电话！接完电话后，你继续写邮件！突然又有一个同事打扰你，问你问题！你停止写邮件然后回答问题，等等。因此，不要再梦想可以一心多用了！一心一意，把全部精力集中到一样事情上吧！

43　简化生活：把重心放在有意义的事情上

"我们总是专注于计划中的事情，却忽略了未计划的重大事项！"

——史蒂芬·柯维

如果大家真正理解了前面章节的道理并运用到生活中的话，我相信大家的生活已经被简化了不少！你扔掉多余的东西了吗？你收拾好自己的衣柜了吗？你抛下了烦扰了吗？你远离那些拖你后腿的朋友了吗？正如史蒂芬·柯维所说："大部分人把时间浪费在紧急的事情上，却忽略了重要的事情！"

你知道自己的重要事项吗？你是否被任务牵着走，没有自己的半点计划？你是否总是要灭火，总是把时间浪费在紧急的事情上？如果这样的话，我们真的需要花点时间厘清头绪，学会时间安排的重要性！简化生活的第一步就是把精力和时间集中在重要的、有意义的事情上，我们必须学会舍弃其他活动，不要在其他事情上浪费太多时间。如果我们不能舍弃除重要事情外的其他活动，我们可以通过自动化办公、委派他人、简化任务，或雇请他人达到节省时间的效果。**如果我们对待任何事情都像处理重大事项一样，到头来只会一事无成！**你日程太忙吗？你有太多重要任务吗？那就简化一下生活吧！把生活的任务压缩一下，学会轻松生活！我们要从哪里入手呢？试想一下，你是否拥有太多的衣服和物品？你是否花费过多时间烹饪？哪个家庭可以帮到你？

你会使用网上银行简化自己的财务生活吗？为什么不尝试只用现金，只买自己需要的东西呢？你的网络生活呢？你是否在社交媒体或即时信息上浪费了太多时间？如果是的话，你就需要更加自律一些！安排固定的时间上网，并坚决执行！必要的话，给自己的上网时间计时！把电脑桌面和邮箱收拾干净，把不需要的东西扔掉！

我的学员马克成功简化了自己的生活，他不仅保持了外部环境的整洁，还清除了自身的多余垃圾！他减掉了全身上下的赘肉，自此，整个人充满了正能量！在固定的时间查看邮件，关闭邮件和信息传递的提示声，禁止多余的东西打扰自己！此外，我们还需要退订自己从未曾阅读过的、堆积如山的杂志。还有，你订购了不止一份报纸吗？认真思考一下，我们需要这么多份报纸吗？你需要每天坐班吗？为什么不向你的老板要求，请求他允许自己每周在家工作一两天。你是否经常加班？

时间管理以及条理性这两章是否能帮助你减少自己的工作

时间？是否可以帮助你找到更多时间做自己喜欢的事情？好好对待自己吧，不要把工作带回家，不要下班后仍然惦记着工作！需要加班的人应该认真反省一下自己的工作习惯，尽量改掉那些坏习惯，因为这是提高工作效率的关键！**回到家就应该放轻松，不要总是想工作上的事情！不能改变的事情不会因为你的担忧而得到解决，相反，它只会腐蚀你的能量！**就算惦记工作，你也只能思考明天该怎样处理担心的问题，接着停止担忧！

问题：

你觉得自己生活的哪些方面被复杂化了？

你是否有太多不需要或多余的东西？

你的日程总是满满的吗？

你的计划给自己预留一点时间了吗？给自己的爱好预留一点时间了吗？

在日常生活中，你觉得自己重要的任务是什么？（家庭上的/工作上的）

以上哪些任务是易于委派给他人的，是可以利用自动化办公简单解决的，是可以轻松简化的？

44　保持微笑：做一个充满阳光的人

"开心的时候我们可以微笑，不开心的时候我们必须微笑，因为微笑是快乐的源泉！"

——一行禅师（Thích Nhát Hanh）

　　微笑吧，即使是强挤出来的！微笑能改善你的生活品质，使你更加健康，使你拥有良好的人际关系！如果你以前甚少微笑，那么从今天开始，下意识地微笑吧！很多励志书籍和博客都曾引用过这样一句话：4至6岁的小朋友每天微笑300至400次，而成年人一天只微笑15次。虽然我无法证实这份研究，但我相信其中包含的道理！如果我们跟小朋友相处过的话，我们就知道小朋友的确很天真烂漫，很喜欢笑！

　　事实证明，开怀大笑和微笑对人的身体健康有很大的益处！科学证明，经常开怀大笑或微笑可以改善我们的精神状况，提高我们的创造力！因此，请开怀大笑吧！我和妻子把看喜剧和笑料当成一项重要任务，我们每天至少看一个小时，我们开怀大笑，甚至经常笑出眼泪。自从习得这一习惯以来，我们整个人感觉舒服多了，同时，我们时刻保持着满满的正能量。你是否也跃跃欲试呢？

　　堪萨斯大学的塔拉·克拉夫特和萨拉·普雷斯曼对微笑进行了研究。研究表明，当我们面对困难时，微笑可以降低我们的心率，从而降低我们的压力水平。微笑不代表高兴，就算不高兴，微笑也能起到神奇的效果，因为微笑对大脑来说是万事皆妥的信号。第 60 节所讲的假装与第 61 节所讲的姿势也是一样的道理。因此，当遇到压力时，当被困难压得透不过气时，微笑吧，我相信你会体会到它的神奇魅力！如果你实在笑不出来的话，请用牙齿咬紧一支笔或者筷子吧！这样的动作就像微笑，兴许它能起到同样的效果！如果你还需要更多资料说服自己的话，你不妨搜索一下韦恩州立大学关于微笑与寿命的研究。当我们微笑时，我们向世界传递了这样的信号："生活真美好！"诸多研究表明，人们认为爱笑的人更加自信，更加值得信赖！人们都喜欢与爱笑的人在一起！此外，微笑还有以下好处：

- 产生血清素（一种能使我们感觉良好的物质）
- 产生脑内啡（一种能减轻痛苦的物质）
- 降低血压
- 清醒大脑
- 改善免疫系统功能

- 有助于形成积极的人生观（微笑能引发我们积极的思维……）。

练习：

在接下来的七天里，对着镜子微笑一分钟。每天至少三次，并观察自己的感受！

第五章

培养良好
的习惯

45 午休：给忙碌的生活充个电

"不知道做什么的时候就休息一下吧！"

——梅森·库勒（Mason Cooley）

午休是我最喜爱做的事情之一！科学证明，午休能带给我们能量，使我们神清气爽，提高我们的效率！对我来说，午休简直能拯救我困倦不堪的身躯！

有时候，我需要承受非常大的工作压力，那时候我几近崩溃。工作的压力以及客户的威胁和投诉令我喘不过气来。（有时候我觉得自己是在做危急手术一样，可怕的是，我们只是一个出版社啊！）我实在忍受不了的时候就去睡觉，幸运的是，睡觉让我整个人满血复活！我感觉压力少了很多，在面对抱怨的时候，我也变得平静多了，我还能集中精神寻找解决投诉的方法呢！一开始，我在附近公园的板凳上睡25至30分钟，后来我干脆睡在办公室两张并排的椅子上！

自午休以来，我明显觉得一个工作日实质上分成了两半（像两个不同的工作日一样），而中午是中场休息时间，像晚上睡觉一样,它给我的身体重新注满活力!因此,下午我变得异常清醒,我做事更加有效率,经过午休,本来身体在下午2点到5点的疲累感消失得无影无踪!你也赶快试试这神奇的午休吧!不要再犹豫了!

46　阅读：提升自己的关键

"不读书的人就像不识字的人一样，无知！"

——马克·吐温（Mark Twain）

马克·吐温曾经说过："不读书的人就像不识字的人一样，无知！"如果我们坚持每天阅读半个小时，那么一个星期就是3.5个小时，一年就是182个小时了。因此，坚持一年，你就能收获很多属于自己的知识了。在接受培训时，我写下的第一个目标是"多读书"！（虽然这个目标不够具体，但毕竟它成真了！）在那之前，我已经很多年没读过书了！

现在，我每周都会阅读2本书籍！我过去6个月所学习的东西比之前的15年还要多。在这6个月中，我还学习了国际商务呢！广大读者们，你们不妨也随身带一本书吧！如果在睡觉前我们不再看电视或看新闻，而是阅读一本好书，我们就能收获额外的好处：平静的心态！

读书还可以提高我们的创造力！还等什么呢？现在就把自己未来3个月需要阅读的6本书列出来吧！如果没有想读的书籍，我建议你多看看别人的书单，或者会有帮助！马上行动吧！

47 节约：节约就是一种财富

"花钱是正常的，但省钱是必需的！"

——保罗·克利瑟罗（Paul Clitheroe）

从富翁身上，我们可以看到节约的品质！多年前我阅读泰兰·米丹娜（Talane Miedaner）的《走向成功》的时候，我第一次看到了这句话。这一简单的建议改变了我的一切，它从根本上改变了我的事业追求，多年后，我终于鼓起勇气离开了以前的工作，追求自己的梦想。如果你储蓄的财富足够自己花九个月至一年，你的生活就会发生巨大变化！储蓄能给你带来巨大好处！例如：你不用再小心翼翼地照顾老板的情绪，你有足够的底气为自己发声："如果你觉得我的工作有什么问题的话，请你直接指出来！"如果同事不尊重你，轻易践踏你的界限，甚至折磨你，你可以毅然离开，重新找适合自己的工作，或者先休息一段时间！此外，就算你去面试，你也不会歇斯底里地随便找一份工作，因为有积蓄，你可以慢慢来！作为一名培训师，我从来都认为有积蓄是非常重要的，只有这样，我才有选择理想客户的自由，我才有底气跟不合拍的客户说"不"。为金钱工作，工作肯定做不好！不妨尝试把9个月、12个月，甚至18个月的工资存储下来（但越多越好哦）！积蓄能大幅降低压力水平，积蓄能带给我们安全感，积蓄能促使我们心态平和！积攒积蓄的方法有两种，一种是减少开支，一种是增加收入！一般来说，省钱比赚钱容易，通过观察金钱去向，我们可以减少开支！最好的办法是每月减少存放在开支账户的金额，然后把剩余的钱都存入储蓄账户。

问题：

你会尝试省钱吗？

如果不会，你的理由是什么？

如果会，你打算从什么时候开始？

48　宽恕：原谅别人就是关爱自己

"只有软弱的人才耿耿于怀，懂得宽恕的人才是强者！"

——甘地

"人的谅解力超乎想象！我们必须宽恕自己，放下伤痛继续前行！"

——比尔·科斯比

宽恕在成功的道路上扮演着重要的角色。此外，宽仁之心还能提升我们的成就感，帮助我们追求幸福！我耗费多年才悟出这个道理！为什么别人明明侵犯了我，我还要原谅他人，那纯粹是他们的错啊？答案就是：原谅其实是自私的行为，原谅他人其实是放过自己！原谅是为了自己，不是为了他人！原谅不是要分谁对谁错！

原谅是为了自己，因为心怀仇恨会损耗我们很多精力！愤怒、仇恨或者耿耿于怀会耗费我们很多能量。如不原谅，别人会因此而夜不能寐吗？别人会因此而满腔怒火吗？别人会因此而闷闷不乐吗？他们不会！而你呢？因此，好好爱护自己，忘掉别人对自己的伤害吧！

　　请注意，原谅他人是从心底里放下了别人对自己的伤害！如果我们说"我原谅他们，但是我忘记不了他们对我的伤害！"，那不叫宽恕！宽恕不是因为不能控制别人的行为，宽恕不是因为你不能以牙还牙。真正的宽恕是了解结果后坦然接受，然后让一切随风而去！向曾经伤害过的、侵犯过的人道歉，如果打电话或者面对面太难为情了，那就给他们写信吧！最重要的是：原谅自己！当知道要宽恕自己的时候，我们就能宽恕别人！尽管去尝试吧！原谅别人，特别是原谅自己能给我们的生活带来翻天覆地的变化！

行动指南：
把自己未原谅的名单全部罗列出来！
把不能原谅自己的事情全部罗列出来！
宽恕别人，宽恕自己！

49　准时：给别人留下好印象

"迟到的时间真正反映着我们在别人眼中的缺点！"

——法国谚语

准时是自律的表现，是尊重他人的表现！迟到的人通常给人一种冒犯的态度，迟到会破坏你好人的形象！当然，准时在不同文化中有着不同的解释！例如，在墨西哥人和西班牙人眼中，准时的概念会宽泛很多，而德国人非常看重赴约的准时性！迟到在他们眼中是非常不专业的表现。在德国，你可能因为迟到而失去所有机会！

在泰兰·米丹娜的《走向成功》中，我学习到了另外一个道理：每次赴约提早 10 分钟到达！我已经把这个当成了自己的习惯，我相信对你来说，这也是很好的建议！提早 10 分钟主要是为了自己的利益，而不是要显示自己多么礼貌。准时能让我们保持舒服的状态，能让我们保持平和的心态！

提早赴约，我就不用匆匆忙忙，我还可以利用早到的 10 分钟整理自己的思绪，熟悉环境。早到让我感觉轻松，而不会因为迟到而紧张！早到 10 分钟让我感觉非常舒服，我觉得自己非常专业、非常礼貌！我已经习惯了早到，准时赴约会反而会让我感到不舒服！你也赶快试试早到吧！体验下它的威力吧！

50 倾听：认真倾听是一种教养

"听别人说完，不要插嘴！学会聆听！"

——欧内斯特·海明威

积极倾听、学会聆听是培训师的关键能力，也是本人从培训中学习到的最重要的技能！

聆听是指全心全意细听坐在你面前的人说话。聆听是指认真倾听直至对方的话语停止，它要求我们压抑内心的声音，在对方开始说话的 30 秒内，我们要为对方思考解决方法，给对方提供建议！

许多人做不到聆听，他们从来不尝试理解对方，他们喜欢插嘴，他们喜欢给别人强加意见！ 他们不注意倾听，他们心急地等待对方停止说话，好让自己发言！**思考回话的时候，其实我们并没有聆听对方的话！** 不要打断对方！聆听直至对方的话语结束！如果想及时给对方建议，应该先征得对方的同意，因为大多时候，说话者在说话的过程中就能找到解决的办法，因此，尊重对方，先让对方说完自己的话！

现在就尝试一下少说多听吧！要是这样，你与别人的聊天、你与别人的关系都会上升到新的高度！此外，别人还会觉得与你聊天很舒服，因为他们感到你愿意聆听！因此，做一个善于聆听的人吧！

51　自省：改变自己就是改变世界

"世界不可能为你而变，但你可以改变自己！"

——甘地

你想要改变别人吗？我可以明确地告诉你：不要再浪费时间了！我们都不可能改变别人！我们不能帮助不愿意接受帮助的人，我们不能改变别人！停止浪费自己宝贵的精力吧！把精力集中于力所能及的事情上吧！我们不能改变别人，但我们可以成为别人的榜样！

不能改变世界，那就改变自己吧！你是否曾经听过：别人是镜子，从别人身上，我们可以看到自己的样子！也就是说，别人身上的缺点可以成为自己的映照。在火车上，我会因为看到年轻人不给长者让座而不知所措，我会怒火冲冠，我觉得这些年轻人实在太没礼貌！每当遇到这种情景，我的内心就会产生消极的内心独白："这个世界到底怎么了？这实在不合常理啊？年轻人就是没有礼貌，但是我已经40岁了，也轮不到我让座吧！"我会用一大通话安慰自己。直至有一天，我不再抱怨年轻人，我主动给长者让座了！天哪，这种感觉真好！

　　我不能为其他人的行为负责！但我必须为自己的行为负责！我觉得做榜样的感觉真好啊！第一，我可以不再因为内心的消极独白而烦恼；第二，我做了好事，我获得了满足感！此外，我还能为别人充当榜样，或者我能影响他们的行为，或者他们以后就会给长者让座！我为我的学员感到骄傲，因为他们真正明白了不改变别人而改变自己的道理！他们以前也"要求别人改变"，现在他们会觉得"我改变自己吧，兴许别人也会学着我做呢"。你只可目睹别人的错误，而不能要求他们改变！对于别人，我们只可以接受，还有就是，做最好的自己，成为别人的榜样！你时常埋怨自己的合伙人吗？你时常抱怨同事吗？你时常责怪配偶吗？抱怨并不能解决问题，改变自己吧！抱怨员工的人，自己首先应该成为一位受人尊敬的老板！爱人者人恒爱之！要想别人尊重自己，我们首先应该尊重别人！

问题：

你想要改变什么？

你会尝试先改变自己吗？

你会改变自己的哪些方面？

52 行动：做才能得到

"人生没有尝试，只有做或者不做！不要抱着尝试的心态过日子！"

——尤达大师

不要再说"尝试"了，尝试会使你的人生变得糟糕！从你的词典中除去"尝试"这个词吧！尝试意味着失败！如果你把任务分配给某人，你宁愿他说"我会尝试做好的"，还是"我会做好的"？世界上只有做或不做，没有尝试！

在从事培训之初，我发现那些说我尝试做家庭作业的人通常是不去做的。那些尝试争取更多时间的人，都以失败告终！那些尝试一周三次运动的人，最终都不了了之！

自那之后，每当有人跟我说"我试试"，我的第一反应就是询问他们："你会行动还是不会？"人生没有尝试！我们应该像耐克的广告词一样："勇往直前"。如果付诸行动了，成功了，很好！如果付诸行动了，失败了，没关系！我们不应灰心沮丧，而应该仔细检查自己的行为，哪方面做错了。我们还必须从失败中吸收经验，下次要怎么做才能获得自己想要的结果。再做一次吧！切记，尝试等于原地踏步！我非常赞同尤达大师的话：拒绝尝试，做或不做！

53 肯定：学会运用正向的力量

"虽然潜意识不太容易接受来自外部的命令，但潜意识会把反复出现的命令转化为精神上的绝对信仰，于是引起相应的行为！这是毋庸置疑的事实！"

——拿破仑·希尔

前面已经讲述积极暗示的重要性！肯定是积极暗示的一个重要技巧。每天不断重复积极的暗示，我们的潜意识大脑就会对这些暗示深信不疑！说服了自己的潜意识之后，它就会指导我们做出相应的行为！我们就能为生活吸引更多积极的条件，我们就能随时发现机会！一定要给自己正向的、当前的暗示，只有这样，我们的潜意识大脑才会将其当作事实，而不是想象！

主张的对象一定是"我"，一定要积极，一定要具体，一定要调动情绪，一定要使用现在时！不妨参考一下以下主张：

我不费吹灰之力就能赚很多钱！

我现在的人生充满机遇！

在众多观众面前演讲根本难不倒我！

我的事业非常成功！

我非常健康、非常健美！

在生活中运用积极主张吸引自己想要的东西！暗示得越多，你得到的就会越好！第一次对自己说"我不费吹灰之力就能赚很多钱！"的时候，内心的声音还是会做出否定的判断："哦，好吧。但这是不可能的！"如果我们每天重复200次，一个星期之后，我们!内心的否定声音、质疑声音就会消失！把积极主张看作自己永恒的伴侣吧！

不断重复积极的暗示，然后观察生活中的变化！然而，某些研究断言，如果我们不能说服内心的质疑声音，肯定主张是有一定的消极作用的。如果肯定主张对你一点也不奏效的话，就请尝试一下其他技巧吧，例如：不断重复的潜意识以及反问自己。反问的问题可以是："我为什么会那么快乐？""为什么一切都进行得如此顺利？"

诺亚·圣·约翰（Noah St. John）曾经写过一本叫《肯定》的书。该书清晰地传递了反问自己的力量！不妨看看这本书，我相信对你会大有裨益！

54 积极暗示：多对自己说"我能行"

> "不断向自己重复某个主张，该主张就能成为自己的信念。一旦我们对此信念深信不疑，它就能改变我们的生活！"
>
> ——穆罕默德·阿里（Muhammad Ali）

本章主要讲述如何将自己的愿望注入自己的潜意识大脑，直到大脑将其当作事实！首先我们要知道潜意识大脑的工作机制！要想让自己的信仰系统接纳新的信念，我们必须不断重复该信念。我知道对大部分人来说，这肯定是无聊透顶的差事。如果你是其中一位，请你把自己的信念写下来吧！试试看，奏效吗？

选择想要实现的东西！

主语必须是"我"，以"我是"开头！

主张一定要积极！

一定要使用现在时。例如："我现在一年能赚×欧元/美元。"

暗示必须作为早晨起床的首要任务！

如果能用小册子把自己的主张记下来，就更好了。如果一天重复两次的话：早上起床一次，晚上睡觉前一次，结果就更加好了。

55 不找借口：把精力放在解决问题上

"越为失败找借口，我们离目标的距离就越远！"

——乔丹·贝尔福（Jordan Belfort）

请尝试走出舒适区吧，你将会体验不一样的人生！我们难免会因此而恐惧，而疑惑，我们的大脑可能会给自己找诸多借口："还不是时候呢，迟点吧！""我还太年轻了！""我已经老了，不行了吧？""这根本不可能啊！""我做不到！"甚至我自己也经常用这样的借口："我没钱啊！"那我想，有钱人会说："我没有时间啊！"

你还可能会说："我的情况跟别人不一样啊！"不，相信我，不是这样的！如果你要等待良机，那它永远不会到来，等待只是浪费时间而已！因此，此时此地就行动起来吧！此外，请记住，危机即机遇。不要总是觉自己太老了不适合，或者太年轻了做不到。网上搜索一下吧，多少人、多少真实故事告诉我们，实现梦想永远不会早，也不会迟！有些人比你老，却实现了自己的梦想，有些人比你年轻，却成功创业！

　　你没有钱吗？不，你只是把钱浪费在错误的地方而已。你有钱买新的电视机，你有钱买新的手机，却没有钱投资自己的培训，是吗？因此，很多人请求了专业财务顾问或财务导师的帮助后才发现，他们拥有可供支配给梦想的财富。同样道理，我的学员在接受培训前也觉得自己没有时间，但通过时间管理等的培训后，他们不再为没有时间而烦恼！看到这里，可能还会有人说："但那是别人，不是我啊！"好吧，你可以继续这样蒙骗自己，继续浪费时间，其实你还可以选择采取行动，改变现状！抛弃一切借口吧！如果我们总是一成不变，我们只能原地踏步，这是千真万确的！你会如何选择？

　　问题：
　　从现在开始，你会选择行动还是借口？
　　你惯用哪些借口安慰自己？你因为什么而原地踏步？

56　保持努力：量变将会产生质变

"努力必须比期望多！"

——拉里·佩奇

努力必须比期望多，这确实是真理。此外，它是我目前为止学到的时间管理的最好手段！它那卓越的见解改变了我的事业，也改变了我的人生！从此，我不再受任何工作压力的困扰！以前，我总是拖拖拉拉，因此给自己造成了诸多压力。其实，我们整个公司都受交货期限的困扰。我们总是苦苦挣扎，对我们来说，那些交货的日子，也就是几乎每一天，是一个梦魇，可怕而压抑！

我们从没试过提前交货，最多就是准时，有时甚至迟几个小时！我总是尝试压抑自己的愤怒，我总是要歇斯底里地跟客户解释！终于，我开始有意识地与客户沟通交货时间（慎重许诺），因为我发现我们90%的延迟交货都是因为几个小时的问题。在征得老板同意之后，我开始按照自己的计划向客户要求更好的交货时间。如果生产答应的交货时间是4月5日，那我会跟客户说我们的交货时间是 4 月 10 日。因此，我们还能提前交货，这样我们就不会惹怒客户，客户也不能以此威胁扣钱或起诉。不但如此，客户还感谢我们提前交货呢！

　　短时间内，我们就把 50% 的延期率降到 0，而且三年内从未发生过延期交货。实在是太奏效了，我忍不住要把它引入我的生活中。如果老板安排的项目需要三天完成，我会要求五天。如果最终我花了四天，老板还会欣赏我。就算再迟一点，我也能准时上交任务，我不需要再像以前那样周末加班！如果我需要加班，我会告诉妻子我 9 点到家，最终 8∶30 到家的话，我就像英雄一样能哄妻子开心了！反正，我会给不确定性预留足够的时间！这的确给我带来了许多便利。但是，请当心，某些客观的日期是无法延期的！我的同事就总是提醒我当心橱柜里面的食品。哈哈，这大概是电影里面经常出现的场景吧……

57 保持渴望：让理想生活引领自己

"信仰成就人生！"

——韦恩·戴尔

信念是励志课程的第一课，也是最常见的一课。**用主观意识设计自己的生活！**你想拥有怎样的生活？如果全世界的时间和金钱都是你的，你会如何活？你会选择居住在哪里？你会选择独立房屋还是公寓？你会选择怎样的工作？你会选择与谁交往？你会选择做什么？尽情发挥自己的想象力吧！不要限制自己！尽情想象自己的理想生活吧，想得逼真点！你现在有什么感觉？

把想象到的细节都写下来吧！相信你已经感受过文字的威力了！**把自己想要的理想生活写下来吧！**为自己准备一本笔记本或者剪贴簿，用于记录自己想要的理想日子和生活！你还可以模仿别人把符合自己梦想的图片剪下来做成剪贴画，挂在自己每天都能看见的地方！重要的是，形式一定要有趣！将理想生活表达在有形的物体上是非常重要的，因为这会加深其在大脑的印象。让我们现在就开始吧：

远离一切分神的物质,关掉一切,远离手机、收音机和电视机。安静地坐一个小时。

让想象成为有形具象。把梦想的一切都描述出来。不要限制自己的想象力！你想什么时候起床？你渴望拥有怎样的房子？你希望的身体健康呢？你期望的亲人、朋友、同事呢？你梦寐以求的工作呢？

每周一次富有激情地大声朗读自己的理想生活！记住,要富有激情！

58 管理情绪：做一个高情商的人

"人难免会疑惑，但情绪是不会自欺的！"

——罗杰·埃伯特（Roger Ebert）

谁能主宰我们的情绪？我们自己！还记得我们说过的责任和选择吗？你还记得我们自己才能控制自己的想法这个道理吗？情绪来源于思想！情绪是行为的动力，情绪是思想的物理反应！也就是说，如果我们能控制自己的思想，我们就能控制自己的情绪！不要被思想和情绪吓倒！情绪只是我们的一部分，情绪不能完全代表我们！接受自己的情绪吧！

情绪是有功能的！恐惧并不可怕，它还可以保护我们呢。愤怒也能抵御外来的侵犯，限制别人的行为；愤怒还可以传递信息，拒绝烦扰自己的行为。悲伤可以促使我们改正错误，找出自己的不足。幸福可以带给我们舒畅的感觉，等等。我们的身体必须与我们的情感连在一起，我们必须学会表达情绪，我们必须拒绝回避情绪！不要愚弄自己，不开心的时候千万别说"我很开心"。我们要分析情绪的来源。不要用情绪代替自己，必须强调，情绪并不能代表你！

仔细观察自己的情绪，看看情绪对自己的作用！其实它们只不过像天空的云朵一样，风一吹就来，风一吹就散。接纳自己的情绪，就像我们接纳雨天一样。当我们发现窗外在下雨的时候，我相信绝大部分人不相信雨会一直下吧？我们认可雨是一种正常的气候现象，但这并不意味雨会一直下。雨天不是一种常态，我们的情绪也会消散！我们会愤怒、悲伤、恐惧等，但这并不代表它们会一直存在。**从这个角度看，情绪就是情绪，情绪没有好坏之分**。如果你想通过文字来驱散情绪，写吧！它们始终会消散的！

情绪是躯体感受的信号！倾听自己的情绪吧！压抑情绪就是逃避过去，逃避过去会使我们忽略此刻的美好！你真正需要什么？不要总是向外部环境索取，要追求内心的丰盈！

管理情绪

以下技巧能帮助你认识自己的情绪，利用自己的情绪，了解自己的情绪，以及管理自己的情绪！这些技巧可以用于管理自己的情绪，也可以用于引导别人的情绪：

认识和表达情绪（允许自己感受情绪）

促进情绪的产生（我要怎么做才能感受到其他情绪）

了解情绪（为什么会产生这样的情绪）

调节情绪（现在我知道为什么我会有那样的感受了）

再强调一次，态度决定一切！（我们可以选择接受或者拒绝）一切只是我们的选择！

管理情绪的益处：

我们可以更快地从问题和挫折中恢复过来，我们可以恢复得更好！

我们的工作表现会更加好，更加稳定！

我们可以消除紧张的人际关系！

我们可以控制冲动和暴躁的情绪！

我们可以在关键时刻保持平和的心态、安详的内心！

要想管理好自己的情绪，我们必须首先认识情绪、探索情绪。也就是说，我们必须允许情绪的自由表达！我们必须分析引起情绪的问题！将思维和身体与情绪连接起来：呼吸、放松、重新体验该情景。

问题：

你能分辨"消极"情绪吗？

你能感受到什么迹象吗？你的哪个身体部位能感受到这种迹象？

你的感受是怎样的？精确地描述出来吧！

第六章

现在就
开始行动

59 不拖延:逃避只会加重负担

"逃避只是暂时的,我们始终要面对自己的责任。"
——亚伯拉罕·林肯(Abraham Lincoln)

"明日复明日,结果只会一场空!"
——帕勃罗·毕加索(Pablo Picasso)

正如韦恩·戴尔博士所说:"马上行动吧!谁也不知道明天会发生什么,但我们要相信今天的努力会成就明天的辉煌!"如果你想写邮件,如果想联系老朋友,如果你想与家人共聚,不要再等了,马上行动吧!为了自己,请不要再拖拖拉拉了!拖延只会引起焦虑,更为重要的是,大多数时候拖延引起的焦虑和良心谴责并不能促使你采取行动,它们只会停留一个小时左右,之后,愧疚感就会大大减轻,并逐渐被遗忘!

拖延就是逃避!我们奢望拖延能起到魔术般的效果,其实不然,拖延并不能使情况变好!除非我们采取行动,否则我们便会原地踏步,事情始终一成不变!大多数时候,我们因为恐惧而拖延。我们害怕拒绝,我们害怕失败,甚至有时候,我们害怕成功!

拖延的另一个原因是压抑，被众多任务压得透不过气来。

通常，拖延症的形式有以下三种：

该做的事情不做，不作为！

逃避重要的事情，而选择做简单舒适的事情！

逃避该做的事情，而选择做其他非重要的事情！

我的学员马克是一位自由职业者，因此他可以自由掌控自己的时间，但是，他总是受拖延症的困扰！拖延使他感到焦虑，有时候，他甚至夜不能寐。但是，他始终无法摆脱拖延症的魔咒。一拖延该做的事情，他就感到压力巨大、焦虑难受。在接受培训时，他坦承他拖延的任务实际上只要一个小时就能完成，但有时引起他的无尽焦虑。他开始意识到拖延症的代价实在太大了。因此，在想要拖延事情的时候，他决定先反问自己：如果我拖延这个任务，我需要付出什么代价？我有必要为了拖延而承担这种代价吗？我有必要为了拖延一两个小时就能完成的任务而夜不能寐吗？因此，现在就做自己需要做的事情吧！听从自己的大脑安排吧！不要再想着明天或者下个星期了！马上行动吧！

问题：

你现在在拖延什么事情？

是因为你效率低下？还是因为你太忙了？

现在最需要做的是什么？

60 学会假装：现在就扮演理想中的自己

"想要得到，必须先假装得到！"
——威廉·詹姆斯（William James）

有时候，你可以假装得到了某种东西。假装自己已经实现了目标，假装自己已经过上了梦寐以求的生活，假装自己已经习得了渴望的生活方式，假装自己获得了理想的工作！**假装得到，然后行动**！如果想要更加自信，我们必须假装自己已经很自信，用这种思想来指导自己的行为！那就是自信地说话、自信地走路、自信的姿态！

潜意识是分不清事实与想象的。利用这个特点，我们可以让自己的潜意识相信自己拥有某种能力、具有某一优秀品质等，然后让潜意识指导自己的行为！在NLP（身心语言程序学）的培训中，"假装"是一种重要的模型。想要获得成功，最好的办法莫过于观察并模仿成功者！如果想要改变其他人格特质，这种方法同样奏效！以假装指导行动，你就会发现不一样的结果！假装直至成功吧！

问题：

你想要习得何种品格？

试想一下自己拥有这种品质后的行为！

拥有这种品质后，你会怎样说话、怎样走路和有怎样的行为？

61 微动作：小动作隐藏着大能量

"按照自己的理想行动，我们很快就能成为理想中的自己！"

——鲍勃·迪伦（Bob Dylan）

身心语言程序学主张我们通过改变姿态来改变大脑，这是一个十分重要的练习。我跟很多人说过这个练习，但大家都觉得我在开玩笑。尽管你现在不相信，尽管你觉得我写的东西毫无意义，但请你还是尝试一下吧！

当我们悲伤或者压抑的时候，我们通常低头看地板，放下双肩，整个人看起来无精打采，姿势也跟着情绪一起悲伤，是这样的吗？如果是，我建议你尝试一下以下动作：直直站立、双肩放平、扩展胸部、头部往上抬，甚至故意抬得很高，向天空看也是可以的。你现在感觉怎么样？如果我们微笑、开怀大笑、抬起头走路，我们会发现整个人都舒畅多了，悲伤的情绪也会逐渐消散！

其实还有很多关于这方面的研究。2009年，布里翁（Brion）、贝蒂（Petty）和瓦格纳（Wagner）实施了这一课题的研究。他们发现，坐姿能影响一个人的自信程度。挺直腰杆的人比塌下来的人更加自信！艾薇·卡迪（Amy Cuddy）在 TED 演讲秀上分享了关于"我们与身体语言"的精彩演讲！这个演讲来源于其与哈佛大学德纳·卡尼（Dana Carney）做的一项关于姿态的研究。研究表明，只要我们坚持两分钟的"正能量姿势"，睾丸素就会增加 20%（睾丸素可以带给我们自信心），同时，皮质醇会减少 25%（皮质醇可以降低压力水平）。因此，当我们参加重要演讲、聚会以及比赛时，我们可以做一个自信的姿势，持续两分钟，就能感受到其效果了。把双手放在臀部，伸直双腿（想象一下超级英雄），或者背靠椅子，展开双臂。这样的姿势持续至少两分钟，能感觉到有什么不同吗？

行动指南：

观看艾薇·卡迪在 TED 演讲秀上分享的关于"我们与身体语言"的精彩演讲。

62　学会要求：让别人也知道你的需求

"要求能指导我们的行为，想要得到，首先必须要求！"

——《马太福音》第七章，（Matthew, 7）

要求吧！就算最终会被拒绝，我们也要尝试要求，否则我们只会活在遗憾中，以免受"如果我要求了就好了"这样的思想困扰。如果想，我们就必须去要求。我们可以要求餐厅给我们安排更好的座位。我们可以要求机场给我们的机票升级。我们可以要求老板给我们加工资，这是你梦寐以求的啊，为什么不呢？要求吧！就算你觉得别人的答复是"不"，也请先尝试一下吧，或者有惊喜发生呢？问了，要求了，我们才有机会获得自己渴望的东西。

就算是挚爱的人，我们也需要要求，否则他们根本不知道我们需要什么。老板、朋友就更不用说了，不要指望他们能读懂你的脑袋！试想，我们是不是因为期望太高而受伤？至少我是这样，尤其是在恋爱关系中。我有时对爱人真的失望透顶了，因为她根本不明白我的内心,我想要什么。后来,我不得不承认:别人始终不是自己,不说出来谁也不知道谁的心思。因此,我开始对别人要求自己想要的东西。

  我们与老板的关系也一样!我们觉得自己工作认真负责,经常超额完成岗位任务,我们渴望老板会知道,渴望他会给我们加工资,渴望晋升,但是始终没有等到!要求吧!问了会有什么严重的后果吗?最多像现在一样,工资不调升、职位不调升而已。但是如果问了,你就能知道老板的答案,你就能知道自己的工作表现在老板心目中的分数!

在要求自己想要的东西时,请记住以下东西:
询问的时候表达自己的期望!
告诉自己,我一定要得到!
思想、感觉和内心独白一定要积极!
要问负责人!
要求要具体!

行动指南:
把自己想要却从未要求的东西全部罗列出来!
开始一一向别人要求!

63 听从内心：直觉会告诉你前进的方向！

"直觉是上帝赐予我们的珍贵礼物，而我们总是强调理性的重要性！"

"人类社会总是注重理性而忽略了感性。"

——阿尔伯特·爱因斯坦

阿尔伯特·爱因斯坦认可直觉是上帝赐予人类的伟大礼物，他赞颂直觉为人类所做的贡献。因此，听从自己的内心吧，跟随自己的直觉吧！通常，我们难以分清直觉和其他声音，即理性的声音。理性总是希望胜过感性，它告诉我们什么该做、什么不该做！

因此，直觉是需要慢慢锻炼的。先从小事情开始吧！例如，我们试着用直觉判断我们上班该走哪条路，我们试着用直觉判断该不该在多云天气携带太阳镜。在我的记忆中，我高中就开始锻炼自己的直觉了。我上学的交通路线有两条。两条路线都有一个换乘点，这个点可以换乘来自不同方向的火车（这两个换乘点的关闭时间很少一致）。我完全听从自己的内心，就好像是玩游戏一样！有时，我会跟随自己的直觉；有时，我会故意与直觉相悖。我发现，每次违背自己直觉的选择都是错误的，每次到达的时候，换乘点都已经关门了。

数周前，我行驶在德国公路上，当时有两个选择都可以到达我的目的地。理性告诉我，我应该选择不堵车的那条路，但是直觉与此截然相反。

30分钟后，我从收音机听到另一条高速路塞了25公里！如果不跟随自己的直觉，我们就得堵死在那边了。感谢直觉赋予我的便利！你体验过直觉的威力吗？

你试过在想一个人，那个人就突然打电话过来了吗？或者试过你想一个人，你就突然在购物中心遇到他吗？越锻炼，越相信，你的直觉就会变得越强，你就越能察觉到直觉的威力，你就越能分清大脑中直觉的声音与理性的声音。是不是太棒了？实践证明，我们还可以通过冥想来提升自己的直觉。让我们安静地坐5到10分钟，听听直觉的声音吧！

如果你已经学会听从直觉，那就马上利用它吧！让我们用直觉写邮件，利用直觉聊天吧！如果直觉告诉我们的是某种想法，那就按照那种想法去做吧！

64　写日记：记录自己的变化

"我们总是强调改变世界，却忽略了首先需要改变自己！"

——列夫·托尔斯泰（Leo Tolstoy）

写日记对于全人类都适用，我把这一习惯推荐给我所有的学员。我们应该拥有自己的日记，在一天结束前花几分钟的时间记录当天的事情。在日记上，我们可以描绘自己做得好的方面，于是我们可以从中形成某些观点，我们可以重现开心的时刻，我们可以在日记上记录自己的一切！

日记可以大大提升我们的幸福感，可以激发我们的动力，可以增强我们的自尊心，朝朝暮暮，不断改变我们的人生！此外，睡前写日记，我们就能将思维集中在积极的事情上，这有助于我们的睡眠，有助于我们在潜意识里形成积极的思想。写日记，我们要着重记录那些让我们身心愉悦的事情，我们要感恩生活赋予我们的一切，我们不应在日记中提及失败的事情，因为糟糕的事情让我们不寐，知道了吗？写日记极大地提升了我和我客户的幸福感。

每晚睡觉前尝试回答以下问题，并把答案记录在日记中：

今天最值得感恩的事情是什么？（写三至五点）

今天哪三件事情最值得我高兴？

今天我做得最好的三件事情是什么？

要怎样做我今天才会过得更好？

明天最重要的目标是什么？

　　一开始练习时，可能会有点困难，但请不要担心，就像其他事情一样，你的日记也会越写越好的。如果不知道写什么，什么都想不出来，再坚持五分钟吧！脑袋想到什么就写什么吧，不用做出任何判断。不要怀疑自己的风格，也不要害怕犯错。随心写吧！每天坚持，持续一个月后，你就能观察到变化了。

65 停止抱怨：抱怨不能解决任何问题

"请不要向别人诉苦……因为20%的人根本不在乎你的问题，另外80%的人还幸灾乐祸呢！"

——卢·霍兹（Lou Holtz）

抱怨是毒药，它会夺走我们的幸福！抱怨纯粹只是浪费时间的无用行为，它使我们自怜自悯，它阻止我们成功！怨天尤人的人令人生厌。抱怨的人就像是精神的牺牲品。这就是你吗？你愿意这样吗？**与其诅咒黑暗，不如点燃一根小蜡烛啊！**

不要再抱怨没有时间了。就像第25节所说，早起一个小时吧！不要再抱怨自己肥胖了。就像第75节所说，运动吧！不要再抱怨父母、老师、老板、政府或者经济了。就像第3节所说，自己应该为自己的人生负责啊！抽烟、食用不健康食品、放弃自己的梦想等都与他人无关，是自己的错！是我们自己关掉闹钟再睡的，与他人无关！是我们自己没有早起半个小时而与风险作对的，与他人无关！我们担心迟到也是应该的！如果不能过上理想的生活，千万不能抱怨别人！你是自己人生的主人！你的人生自己过！越早明白这个道理，你就越能早到达追寻梦想的方向。切记，把人生的重心掌握在自己手中！

总是埋怨现有的生活，我们就会把精力放在问题上，最终我们只能吸引更多糟糕的事情。我们必须远离这样的恶性循环，像第12节所说，我们必须把精力放在自己渴望的事情上。

听从自己的内心吧，让我们不断强化自己积极的雄心和成功的志向吧！现在就创造自己渴望的条件，开始做决定，开始自己的生活吧！

行动指南：
将自己的抱怨都罗列出来！
你的抱怨带给你什么好处了吗？
把抱怨转化为要求吧！

66　接受好意：你值得拥有赞美

"别人的赞美极大地鼓舞着我！"

——马克·吐温

你接受礼物或者道贺的时候感到难为情吗？不要再难为自己了！我们必须做一位乐于、善于接受好意的人！学会接受礼物或者愉悦的东西是十分重要的，只有这样，我们才能获得更多梦寐以求的东西！当你接受礼物时，千万不要说"哦，我不太需要这样的东西"，因为这样会扫兴，会破坏送礼物这种行为，甚至会惹怒送礼物的人！道贺也一样，千万别拒绝别人的好意！

让我们认真学习一下这样的行为吧！在说"哦，其实我不太需要这个"的时候，我们内心是不是觉得自己"我配不上"或者"我不值得"。送礼物或者道贺纯粹就是一种好意，一种互相逗乐的行为，我们不需要加以评判！不要破坏了给予的快乐！因此，我们只需要说"谢谢"就行了。从今天起，让我们一起练习"接受的技巧"吧！如果某人向你道贺，优雅地接受并说"谢谢"就好了。开心接受吧，千万不要拒绝！你还可以说"谢谢，很高兴你这么认为！"，这样赠予方也可以因为自己的赠予行为而快乐！坦然接受赠予对我们大有裨益，它能极大地提高我们的自尊心，并消除以下行为：

拒绝道贺！

将自己矮化！

把属于自己的赞美转赠给他人！

不舍得买漂亮的东西，因为你觉得自己配不上！

从别人的好意中挑毛病！

行动指南：

坦然接受别人的礼物和道贺，并说"谢谢！"。（不要解释，不需评价）

分析自己是否具有以上五种行为。如有，请立刻解决！

67　远离恶友：你的圈子决定你的层次

"勇气是行为的先驱，不要理会别人的意见，因为无论你做什么样的决定都会有人反对！"

——拉尔夫·沃尔多·爱默生

"不要理会别人的眼光，我们要有足够的决心过自己的生活。"

——中国谚语

留心自己身边的人！吉米·罗恩（Jim Rohn）曾说："六人行，必互相影响！"因此，要慎重选择人际环境！真正的朋友能够发展我们的优点，能够激励我们成长，能够相信我们。与能够给你带来正能量的人在一起！切记，情感和态度是会传染的！

朋友能够充当我们的跳板，他们可以激励我们，可以带给我们勇气，可以帮助我们采取正确的行动；但是，有些朋友只会拖我们后腿，消耗我们的能量，他们就好像制动器一样阻碍我们实现人生目标！如果我们总是与消极的人在一起，久而久之，我们就会变成消极、愤世嫉俗的人。他们会用各种招数劝你原地踏步，他们会哄骗你停滞不前，因为他们视安全稳妥为第一追求，他们不喜欢冒险，也不愿意面对不确定性！因此，远离那些总是否定别人的人吧，远离那些总是喜欢埋怨的人吧，远离那些总是爱抱怨的人吧，远离那些总爱议论别人、总爱说闲话的人吧，远离那些愤世嫉俗的人吧！史蒂夫·乔布斯在斯坦福大学的演讲中曾经说过："不要让别人的观点淹没自己内心的声音！"

如果身边的人根本不想我们成长和发展，我们取得进步的机会就微乎其微！如果消极的人主动靠近你呢？那就只能自己变得强大起来！当你发展壮大时，那些消极的朋友就会自动远离你，因为你不再满足他们的目的。他们需要那些同样拥有消极特质的朋友，如果我们积极向上，他们就会另找他人！如果在那个圈子你不能自己先优秀起来的话，那你必须严肃地反问自己："我是不是应该尽量不与他们交往？我是不是应该远离他们？"这个决定必须根据你自己的实际情况做出抉择！

我一直主动远离那些使我受挫的人，而且我从来不后悔！这当然不简单，但是奏效！培训学课程毕业之后，我尝试各种方法巩固本书中提及的所有法则，我成功改变了自己，但是，我同事二话不说就认定我加入了某种"组织"。

行动指南:

把身边的人、一起相处的人全部罗列出来(包括你的家庭成员、朋友以及同事)!

分析哪些人对你有益,哪些人在拖你后腿!

多与积极的人相处,减少与负能量的人见面(如埋怨者),最好不见!

与那些积极的、支持你的人在一起!

在You tube上观看史蒂夫·乔布斯在斯坦福大学毕业典礼上的演讲!

68　选择生活：你不必听从别人的指指点点

"生命有限，不要在别人的生命上浪费时间；不要被信条绑架，不要活在别人的思想下；不要让别人的观点淹没自己内心的声音；更为重要的是，我们必须有足够的勇气追随自己的内心和听从自己的直觉，因为内心和直觉才是自己的真实代表，其他的一切都是次要的。"

——史蒂夫·乔布斯

实际上，史蒂夫·乔布斯以上的话已经能够阐述清楚本节的道理。我们很难再在其如此智慧的话语上加插其他字句！**选择自己想要的生活，不要活在别人的期望下！**不要担心邻居或者其他人会说你闲话，如果你太在意别人的说话，你就不再能继续自己想要的生活，你就只能屈服于别人的意志，活在别人的阴影下！听从自己的内心！做那些自己想做的事情，而不是盲目地从众！想要做自己，我们就必须有与众不同的勇气！保罗·戈埃罗曾说过："如果我们没有按照他人的意志生活，他们就会愤怒！我们每个人都'知道'别人应该怎么活,我们都过于关心别人,却不知道自己应该选择怎样的人生!"

行动指南:

我们哪些方面没有遵从自己的内心?把它们全部罗列出来吧!

69 悦纳自己：接受自己是幸福的根本

"除了我们自己，没有人能够贬低我们！"

——埃莉诺·罗斯福

爱自己吧！试想一下，多少次你只看到别人的优点，而忽略了自己的长处！人生中最需要维护的关系莫过于自己行为与自己内心的关系！如果连自己都不喜欢，谁又会真正喜欢你？如果连自己都不喜欢，又谈何喜欢别人？

这一节，让我们一起探讨一下自己行为与内心的关系吧！我的大部分学员烦恼的事情都直接或间接与自信心相关！没有工资提升，没有人赞赏，找不到人际关系……因此，在指导他们实现目标的同时，我首先帮助他们提升自信心。我们如何才能增加自己的自信心？

首先，**承认自己，接受自己**！人无完人，我们不需要太过完美，也不需要太过伟大！**我们必须学会与自己人生中最重要的人相处，那个人就是我们自己**！享受自己一个人看电影的时光，

自己才是自己最好的伴侣！法国作家、哲学家布莱兹·帕斯卡（Blaise Pascal）曾经说过："人类的所有问题都根源于自身没法单独一人安坐在房间里。"韦恩·戴尔博士补充道："喜欢独处的人是不会感到孤独的！"因此，让我们尝试一下与自己相处吧！找一个安静的地方，远离尘世的繁华与喧嚣吧！**必须记住这句话：接受自己是幸福的根本**！认可自己作为人的价值，认可自己值得被尊重！犯错的时候不要责怪自己，坦然接受错误，向自己承诺下次会做最好的自己，不再犯同样的错误，这就足够了！此外，对于客观不能改变的事实，我们责怪自己亦是徒劳！

有时候我们需要自私一点！我在说什么？是的，你没有看错：自私一点！这里的自私并不是指以自我为中心，它是指做自己！我们要拥有与众不同的优良特质，这样我们才能将自己的优点传递给别人！如果我们不能成为优秀的自己，我们谈何做一个体贴的丈夫、做一个周到的妻子、做一个孝顺的儿子、做一个听话的女儿，或者做别人的好朋友！如果我们努力做最好的自己，我们信心满满，我们就能把这些感觉传递给自己所在的环境和接触到的每一个人，他们都会跟着受益！

增强自信心的练习：

就像第64节所说，记日记吧！

把自己获得的成功和成绩都罗列出来！

把自己擅长的领域、表现优秀的方面都罗列出来！

对照镜子练习（在镜子面前对自己说：我太棒了，列举细节说明！一开始可能会有点奇怪，慢慢就会习惯了！）。

增强自己的自尊心！

70 自我投资：最精明的投资是投资自己

"投资知识吧，我们会因此而获得最好的回报！"

——本杰明·富兰克林

"教育贵吗？无知的代价会更重！"

——德里克·博克（Derek Bok）

要想实现个人进步以及事业发展，最好的方法是投资自己！答应自己做最优秀的自己！将5%至10%的收入用于投资自己，例如参加培训课程、购买书籍、CD以及其他教育性资料！永远保持一颗好奇心，永远渴望学习新的东西，永远追求更好的自己！

投资自己，不断追求个人成长不但能使自己成为一个更有智慧的人，还能成为公司里更有价值的员工！有许多提升自己的办法，例如：我们可以通过参加培训提升自己的谈判技巧、时间管理能力、财务规划能力等等。二至四小时的课程就能让我们学到很多实用的策略和技能,它们都能改变我们的人生!你还可以参加全职课程,寻求生活导师的帮助,或者通过自助的方式提升自我!

聘请私人导师使我受益匪浅,这是我投资自己的最好方式之一!自此以后,我不再停滞不前,我开始明确自己想要的生活,我不再恐惧人际关系。此外,大家还可以先尝试便宜一点的方式,例如:阅读书籍、收听CD,或者参加课程!我已经习惯了每周至少阅读一本书,每两个月购买一门新的课程,每年至少参加两期研讨会或培训。

你有什么计划了吗?一小步一小步就能实现飞跃!

行动指南:

写下自己未来十二个月想要实现的目标吧:

我,×××,每个月会阅读×本书籍,每个月会收听×张教育性CD或者有声书籍,未来六个月会参加×个培训。

日期:×××　　　　签名:×××

第七章

善待自己
和他人

71 宽恕自己：允许自己不完美

一旦能容纳自己的失败，就会变得比失败更强大。

——哈罗德·埃文斯（Harold Evans）

我们都很容易落入自责这个陷阱，因为我们总是耿耿于怀于过去的错误，我们总是放不下过去的失意。但自责就能解决问题吗？绝对不能，这并不能改变任何事情！

我们必须接受我们并不完美，我们也无法达到完美的境界。接受自己的不完美，这才是人生的最高境界。因此，不要再对自己那么苛刻了，这是我们失去幸福的主要原因，也是我们永远找不到满足感的主要原因！

你知道生活中的大多不幸来源于我们的自责吗？由于自责，我们的潜意识就会惩罚自己！很高兴我在很久之前就抛弃了过度自责以及自罚这个坏习惯。**我很清楚我任何时候都尽力做到最好！**但这并不意味着我不分析自己所犯的错误！我会尽全力改正自己的错误，如果不是自己可控制的范围，我就乐观地接受、放下，我答应自己以后不再犯同样的错误。**我知道如果我重复犯同样的**

错误，那我自身肯定存在同一个问题！你能做到吗？困难吗？你想知道当中的诀窍吗？诀窍是免费的，它在任何药房都买不了，但它绝对比处方药还管用：

接受自己本来的样子！

原谅自己！爱自己！

好好照顾自己！

就是这么简单，不是吗？现在就行动吧！首先询问自己以下问题：

在哪些方面，你对自己特别苛刻？

对自己那么苛刻，你获得什么好处了吗？

72 不伪装：别让自己活得太累

"我们时常恐吓自己，我们甚至觉得自己很怪诞，但是我们必须勇敢做真正的自己！"

——梅·萨顿（May Sarton）

"做自己本身就是一个伟大的成就！做自己，我们要经常突破自己，尝试不同的角色。"

——拉尔夫·沃尔多·爱默生

做最真实的自我无疑是世界上最成功的事情！他们从不伪装自己。他们是坦然做自己的人！他们表里如一，不需要我们猜度分析！他们知道自己的长处，也明白自己的缺点！他们不担心别人的攻击，也不害怕承担自己的错误！他们不害怕被议论，不害怕被抨击！

不要让别人告诉自己我们应该怎样！有时候，为了讨好别人，我们伪装自己，那是别人眼中的我们！这时候，我们戴上面具，我们十分渴望得到身边人的正面评价，我们希望同事、朋友以及邻居喜欢我们。**生活不是演戏**，**不要再伪装自己了！**不要再考虑别人想我们怎样，别人如何看待我们，**允许自己做真正的自己吧！**试试吧，结果会让你欣喜若狂！做有趣的灵魂吧，你会发现你越真实，就能吸引越多的朋友！现在就试试吧！

问题：

（如果有1~10分，你认为自己在做真实自我方面能得多少分？有8分吗？那就太恭喜你了。你很接近真实的自己了。请继续努力！只有4分吗？如果是这样，那就需要多加努力了。按照这本书的练习做吧，你会很快达成目标的！）

在现实生活中，你饰演多个角色吗？

在独处时，你是怎样的？

最后一次做真正的自己是在什么时候？

73 善待自己：善待自己才能善待他人

"只有善待自己，别人才会善待我们！"

——佚名

　　善待自己是我最喜欢给客户布置的练习。罗列 15 件自己最喜欢的事情吧，让我们尝试一下被自己取悦的感觉！然后在未来两周内，每隔一天完成一件取悦自己的事情，你就会发现这个练习实在太神奇了！（例如：读一本好书，去看电影，查收别人的信息，观看日出，静静地坐在海边，等等。）善待自己就像奇迹一样，它能极大地提升我们的自信心和自尊心。还等什么，马上行动吧！

1.＿＿＿＿＿＿＿＿＿＿＿＿＿＿＿＿＿＿＿＿＿＿＿＿＿＿
2.＿＿＿＿＿＿＿＿＿＿＿＿＿＿＿＿＿＿＿＿＿＿＿＿＿＿
3.＿＿＿＿＿＿＿＿＿＿＿＿＿＿＿＿＿＿＿＿＿＿＿＿＿＿
4.＿＿＿＿＿＿＿＿＿＿＿＿＿＿＿＿＿＿＿＿＿＿＿＿＿＿
5.＿＿＿＿＿＿＿＿＿＿＿＿＿＿＿＿＿＿＿＿＿＿＿＿＿＿

6._____
7._____
8._____
9._____
10._____
11._____
12._____
13._____
14._____
15._____

74 健康生活：远离不良的生活方式

大部分人认可身体是革命的本钱，讽刺的是，许多人在残害自己的身体！他们酗酒、抽烟、吃垃圾食品，甚至吸食毒品。他们从来不健身，他们把大部分空闲时间浪费在沙发上。我们知道这太简单了，但是，我们做到了吗？

健康的生活方式始于我们的决定！让我们现在就决定健康地生活吧！我们应该饮食均衡、定期运动、保持并争取健康的体形，这样我们的脑袋才会有清晰的思维方式，这样脑袋才能支撑健康的生活方式！照顾好自己的身体，身体影响脑袋，身体不健康，脑袋也不能正常发挥！请看以下的一些例子，它们能帮助我们养成健康的生活方式：

多吃水果和蔬菜。

减少红肉的摄入。

每天至少喝两升水。

少吃。

停止吃垃圾食品。

早起。

行动指南：

为了拥有更健康的生活方式，我们应该怎么做？把自己觉得最有必要的三件事写下来。

75 保持锻炼：生命在于运动

"没有时间做运动的人，最终必定被疾病耽误时间！"
——爱德华·史密斯-斯坦利（Edward Smith-Stanley）

没错，运动对于我们实在是太重要了，这应该不算什么惊天动地的新闻吧？但是，虽然我们都知道运动的重要性，许多人就是不愿意做运动！"我没有时间"是他们惯用的借口。如果有人跟你说运动是生命之基呢？如果现在不运动，我们一个月之后就会死亡呢？这样你还是不运动吗？你会吧！所以说，没有时间纯粹是一个安慰自己的借口而已！

我不想花费太多的工夫说服你运动有多么重要！我也不会告诉你如何挤出时间做运动！因为实际上我们已经太清楚事实了，就是不行动而已！但是，我还是会尝试给广大读者罗列每周运动三至五次的益处！我想，这样能使你更加信服吧？我想，你会开始考虑抽出时间做运动了吧？

运动能使我们变得健康！

运动能帮助我们减肥塑身，这样我们就能变得更加健康，变得更加漂亮！

运动能使我们身心愉悦，运动能带给我们满满的正能量！

当我们变得苗条，我们的自尊心自然就会增强！

你有睡眠问题吗？那就睡觉前几个小时运动30分钟吧！我相信你会感觉到运动的神奇效果哦！

你知道运动能有效降低压力水平吗？运动能有效刺激内啡肽的释放，内啡肽能使我们感觉良好。因此，它能够让我们的脑袋放下压力。

此外，研究表明规律运动能使我们更加开心，能降低我们的压力症状，能减少我们的患病风险（如降低心脏病风险、肥胖症风险、骨质疏松症风险、高胆固醇症风险等），降低过早死亡的风险，提高记忆力等许多益处！明白吗？但是，我们千万不能强迫自己运动！享受运动的过程才能使运动发挥其应有的功效！寻找自己觉得有趣的运动，把运动当作娱乐活动，例如：游泳。就算每天散散步也能极大地有益于身心！

行动指南：

在网上搜索一些关于运动益处的研究吧！

你什么时候开始运动呢？

不要再说自己没有时间，时间需要合理安排，请看看关于时间的章节吧！

76　敢于行动：你只需踏出第一步

"勇敢赋予我们能力、力量和魔法。我们要敢做敢梦想。"
——约翰•沃尔夫冈•冯•歌德（Johann Wolfgang von Goethe）

"我只是一个人，我不能拯救世界，我从不强求，我只做自己力所能及的事情。"
——爱德华•埃弗里特•黑尔（Edward Everett Hale）

通往成功和幸福的秘密之一是行动，把自己力所能及的事情做好！只说不做是没有用的，结果才算数！正如亨利•福特所说："想做什么不能收获任何名声，做到了才会！"

没有行动就没有结果！没有结果就没有反馈！没有反馈就没有经验！没有经验，就没有提升！没有提升，我们就不能完全发挥自己的潜力。

荣格说得很对："行动代表个人，而不是说话！"很多人想要改变世界，但是大部分人就连拿起笔写书或写文章的勇气都没有，他们更没有采取其他任何行动！因为抱怨太容易了，我们时常抱怨政客,却不曾尝试追求政治事业,也不愿意在政坛上活跃!

生活就掌握在我们自己的手中,因此,让我们尽情用行动演绎自己的想法吧!一开始,你不用硬着头皮去尝试那些很大的挑战。前面的章节已经讲述:如果我们能每天坚持做细微的事情,日积月累,我们就能取得很大的成就!因此,我们要勇敢地做自己所想,因为勇敢能带给我们行动的力量。

无论如何,先行动吧!行动是成功者与失败者的最大区别,失败者通常犹豫不决,因此也停滞不前!能够实现目标的人都是那些坚持行动的人。他们并不害怕犯错,他们主动吸取其中的教训,继而不断前进;他们也不害怕被拒绝,他们会不断尝试,直至成功!

那些只是嘴上说说而不采取行动的人只能停滞不前。不要再在等待上浪费时间了!合适的时机不是等出来的!利用现有的条件,行动吧!记得一步一步走,切勿心浮气躁!正如马丁·路德·金所说:"我们要用信仰支撑第一步。我们没办法也没有必要看到整个楼梯,先迈出第一步吧!"

行动指南:
你今天会踏出第一步吗?你会如何行动?

77 享受当下：当下其实很美好

"生活处处充满快乐和幸福，只要我们留心，我们就会发现！"

——一行禅师

"全力以赴过好今天就是对未来的莫大慷慨！"

——阿尔贝·加缪（Albert Camus）

享受当下是十分重要的！忽略当下的人，他们从不曾专注于此时此刻，他们并没有把心思放在眼前的美好，他们任由日子悄无声息地离去。工作的时候幻想周末，周末的时候苦想周一的事务，吃前菜的时候渴望甜品，吃甜品的时候又渴望前菜，大部分人如此折腾自己，因此他们从不曾享受到"当下"的快乐！

如果这样，我们就不能享受自己的努力，其实人生只有当下，只有当下能带给我们实际的享受或苦恼！读者们不妨看看埃克哈特·托利的书籍《当下的力量》。试想一下：我们当下的问题是什么？我们总是因为过去的行为而恐惧吗？我们总是因为将来的未知而恐惧吗？大部分人总是担心过去的事情，但是过去的事情我们能改变吗？大部分人总是担心将来，事实证明，我们的担心大多数时候是多余的，因为我们担心的事情很少发生！因此，大部分人总是错过了当下！正如比尔·盖茨所说："过去是幽灵，将来是空想。现在才是我们真正能够掌握和拥有的！"因此，让我们专注于当下，享受当下的旅程吧！

行动指南：

经常提醒自己多关注现在！

（我的朋友大卫把腕表戴在右手臂上。想往左臂看时间而没有看到腕表时，他就能提醒自己享受当下！）

78 不挑剔：挑剔别人是由于挑剔自己

"批评别人之前，请先自检！"
——埃里克·克拉普顿（Eric Clapton）

"数手指之前，请先确保自己的手是干净的——指点别人之前，请先检讨自己！"
——鲍勃·马利（Bob Marley）

议论别人的人通常习惯于怨天尤人！如果想获得更加幸福、更加有满足感的生活，我们就需要抛弃说是非这个坏习惯。坦诚地接受别人吧，不要对别人抱有太大的期望，不要总是议论别人。我知道说时容易做时难，但我们必须远离这个坏习惯！告诉自己：议论别人其实是不满自己！你是否已经感受到我们对别人的不满其实也映现在自己身上？你是否想过别人的缺点烦扰你是因为自己身上有关联的缺点？

行动指南：
把别人烦扰自己的缺点全部罗列出来！
尝试从自身出发解决这些问题吧！现在感觉如何？

79 日行一善：真诚地对待他人和生活

"有些人总不舍得对人施善，但善有善报！"

——佚名

"我们要有善心，更要有行动！"

——佚名

今天我们要如何做才能让世界变得更美好？每天我们应该怎么做才能让世界变得更加美好？我们可以尝试友善地对待陌生人。每次买一杯咖啡，我却花两杯的钱，这就是我，我担心某一天有陌生人需要，我担心他们没有足够的钱付。还有，每次在超级市场购物，我都把得到的再次购物九折卡送给排在我后面的人。是不是很有创意？

不知道自己能做什么？再举一些例子吧！坐火车或者地铁时，我们可以给陌生人让座，或者给他们一个微笑！我们可以诚恳地认可别人，友善地对待别人，真诚地感谢别人！进出门口时，我们可以为别人扶扶门；别人双手拿满东西时，我们可以帮别人分担下；坐飞机时，我们可以为他人分担下笨重的行李。还有很多细碎但暖心的事情呢。只要愿意，我们就能尽情发挥自己的善意。让我们今天就开始施善吧！请记住善有善报，我相信这对善良人是莫大的鼓励！因此，时时施善，时时获益！送人玫瑰，手留余香！施善是改变我们的巨大力量！想要改变世界，我们必须从自身做起！**想要世界怎样，我们就必须怎样！因此，日行一善吧**！我们应该以积极的方式扭转他人的人生，让爱传递吧！

行动指南：

尝试未来两周日行一善！

不要期待回报，观察变化！

80 解决问题：解决问题永远比逃避问题轻松

"大部分人总是围着问题转，却从不曾尝试去解决它们！"

——亨利·福特

积极面对问题，解决它们吧！逃避是解决不了问题的，问题还是会一直跟随着你！如果问题得不到解决，问题就会不断重复。只有从问题中吸取经验教训，我们才能继续前进！如果我们因为某一问题离职（如和同事产生矛盾），如果我们不积极面对和解决，在下一份工作，我们还是会遇到同样的问题，还是会和别的同事产生同样的矛盾，问题会一直持续下去，除非我们从中吸取经验，彻底解决了存在的问题！

你是否已经发现，就算我们不断换伴侣，我们在恋爱关系中还是会遇到同样的问题？你是否知道这是因为你从未曾尝试面对并解决问题？总是与问题回旋、总是逃避责任会大大损耗我们的能量！我们需要做的是主动承担责任，积极地解决问题！客户总是向我抱怨：他们总是以拖延的方式逃避问题，他们总喜欢与问题周旋，因此他们总是处于高度焦虑的状态，一遇到问题，他们就十分难受！后来，他们发现只要克服所有恐惧，只要与问题作战，只要解决它们，他们就能精神奕奕！他们发现勇敢面对问题，积极解决问题比消极逃避简单得多、舒服得多！不要总是将问题的原因归于外部环境了，从自己身上找找原因吧！

问题：

如何改变自己？

如何改变自己的做事方式？

怎样解决问题？

行动指南：

把所有问题罗列出来，逐一想想解决办法吧！

从自己身上找找问题根源！

发现自己的陈年毛病（你是否总是被某一问题缠绕）。

第八章

其他忠告

81 冥想：冥想有助于净化心灵

"所有人性问题都源于静处的缺失。"

——布莱兹·帕斯卡（Blaise Pascal）

众所周知，冥想大有裨益！现在越来越多的人开始练习冥想。练习冥想的人都说获益良多，因为冥想可以帮助他们净化心灵，让紧张的身体得到放松。冥想还可以消除忧虑、愤怒，让我们更加有安全感，调节我们压抑的心情！

还有研究证实，冥想可以降低血压，降低疼痛感！冥想是对抗压力的有效方式！我们的脑袋经常塞满各种信息，冥想可以帮助我们理清思路！每天只要花15至20分钟静坐，我们就能感受到冥想的威力。冥想可以给我们的身体充电！如果每天练习两次冥想，效果就更佳了！以下是形成冥想习惯的步骤：

1. 找一个安静的地方，在那里你可以不受打扰，你可以安静地冥想15至20分钟。把冥想当成每日的仪式吧！最好每天坚持在同一个地方、同一个时间练习冥想！你还记得早晨起床时间对我们的意义吗？我觉得在那个时候冥想实在不错！

2. 我们不妨利用之前学习到的"肯定的力量"使自己放松下来。我们不妨说："我现在十分专注，也十分平静！"

3. 为了使自己专注于冥想，我们不妨调20分钟的闹铃，这样我们就不用担心时间了。闹铃会提醒我们何时结束，这样我们就可以把全部注意力放在上面了。

4. 闭上眼睛，坐下或者躺下。你也可以睁开眼睛，把注意力集中在房间内的某一个点，如果我们面对着窗户坐的话，我们还可以把注意力集中在窗外的自然风光。

5. 注意力集中的同时，专心呼吸，并逐渐开始放松。

6. 如果脑袋遨游，那就随它吧，千万不要下意识抗拒。让思绪像蓝天上的云朵一样飘散，放空自己的脑袋。注意让心灵平静如湖，不能泛起一点波澜。

养成冥想的习惯，每天冥想20分钟我们就能收获巨大的财富！ 以上的六个步骤只是我的一些建议。**要以正确的方式冥想，要用适合自己的方式冥想，因为只有我们自己才知道如何做才对我们最有益。** 网络上也有很多关于冥想的信息，此外，你居住的地方可能就存在冥想培训班或者冥想研讨会。就如我在本书其他章节强调的那样，最重要的是尝试！行动！

82 音乐：音乐可以改变心情

"生活就如一首壮阔温婉的歌曲，有空多听听音乐吧！"
——罗纳德·里根（Ronald Reagan）

收听喜爱的音乐能使我们立即愉悦起来，这种方法既简单又有效！把自己喜欢已久的歌曲全部收录下来，边听音乐，边跳舞，边唱歌！一开始你可能会觉得自己有点奇怪，我们不妨每天练习，这样就会获益良多！你一生中最喜欢的五首歌曲分别是：

1. _____
2. _____
3. _____
4. _____
5. _____

在 iPod 上、电话上或者电脑上制作自己最喜欢的播放列表吧！立即收听当中的歌曲！现在，马上行动！加油！

听过自己喜欢的歌曲之后，你的心情有什么变化吗？

如果把听音乐当成日常习惯，你觉得自己的生活会有怎样的变化呢？

83　放下忧虑：绝大多数担心没有意义

不知如何对抗忧虑的人，往往英年早逝。

——佚名

许多人总是处于担忧的状态。他们担忧过去的事情，但是我们能改变过去的事情吗？他们忧虑未来，但是我们能影响未来吗？他们甚至还担心宏观经济环境、担心战争、担心政局，但是我们能控制这些事情吗？更讽刺的是，我们担心的问题实际上并不会发生，或者比我们想象的情况要轻得多，想象出来的大灾难在大多数时候顶多只是微小的事故。

马克·吐温曾经说过："我总是担忧未来，担忧未知，可是大部分从来不会发生。"这是多么正确啊！请记住：不必担心，因为担心既不可以改变过去，也不可以影响未来！此外，担忧并不能改善状况，是吧？担心只会让我们萎靡不振，不仅不能改变过去或影响未来，我们还会丢掉此时此刻！

现在你能理解担心有害无益了吗？担心只会浪费我们的时间，消耗我们的能量。还需要其他例子吗？让我们来看看来自罗宾·夏玛（Robin Sharma）《死亡后，谁会为我们哭泣？》的例子吧！某经理按照罗宾在研讨会上的建议进行了练习，他发现在自己担心的事情当中，56%是不会发生的；26%是与过去的行为有联系的，他根本改变不了；8%是由于别人的议论引起的，他根本不在乎；4%是与他自己的健康问题相关的，他已经解决了；只有6%是真正需要去解决的！知道自己的问题后，知道哪些问题自己不能解决，哪些问题纯粹庸人自扰，纯粹消耗能量之后，这位经理消除了94%的担忧，太神奇了，这些烦恼曾经将他折磨得死去活来啊！

行动指南：

把自己担忧的事情全部罗列出来：

哪些担忧是与过去相关的？

哪些担忧是与未来相关的？

哪些担忧是我们不能控制的？

哪些问题是我们可以尝试解决的？

84　通勤时间：值得好好利用的时间

"我们总在渴望时间，却也总在浪费时间！"
——威廉·佩恩（William Penn）

你每天开车或者搭乘公共交通工具上班的时间需要多久？数据显示，上班族平均一天需花费60至90分钟上班。这就是说，我们一个月上班要花费20至30小时。

总是说自己没有足够时间的人可以好好利用这20至30个小时了。我们可以在公交车上或者火车上阅读，我们可以在车上听有声书籍，我们也可以听听正能量的CD、MP3或者阅读励志书籍。请不要再利用这些时间看手机里的负面新闻了，也不要阅读报纸上的负面新闻了。

问题：

准备好了吗？

你打算从什么时候开始？

先尝试两个星期吧，细心观察生活的变化吧！

85 陪伴家人：家庭是我们的重要支柱

"家庭很重要，因为它是我们的全部！"

——迈克尔·J.福克斯（Michael J. Fox）

华特·迪士尼（Walt Disney）曾说过："我们都不应该为了生意而忽略家人！"因此，**为避免读者错过家庭的重要性**，我特地开了这一节，让大家重视与家人的时间。其实家庭的重要性不言而喻，需要特别提醒难免感觉悲伤！但在与领导和管理者交谈的过程中，我发现大部分人竟然没能与家人好好相处！

邦妮·韦尔在书中提到，我们后悔把太多时间浪费在办公室而没有好好陪伴家人，这成为我们临终前最遗憾的事情之一！从现在开始，多陪陪家人吧，切勿步其后尘啊！与家人相处的时候，我们不妨让家人开心起来，全身心投入，好好陪伴家人吧。去年我们一家人去佛罗里达群岛度假，当时我发现了一个荒谬的情况：有一家人正在观光散步，但是父亲跑在他们前面，专心致志地打着电话聊着生意的事情！那时，妻子和女儿跟在后面，显得十分沮丧。我十分同情他们的境况。那时还是星期天呢！

我很想把它当作讽刺书上的故事，但它是如此真实地呈现在我眼前。难过，但我必须清醒！好好珍视家人和身边的朋友吧！他们能时刻带给我们关爱和支持，他们能改善我们的自尊心，增强我们的自信！

问题：

你打算怎样安排多点时间陪家人？（提示：我们可以利用时间管理那一节的技巧寻找更多的时间）为了寻找足够的时间与家人共聚，你会放弃某些事务吗？请罗列出来！

86 合理安排：别让工作占用休假时间

"为便利生活，我们想方设法利用工具，不料反被工具利用！"
——亨利·戴维·梭罗

不妨回顾一下上一节提到的那个忙碌的爸爸，我们就能轻松进入本章的主题了。不是因为电话响，我们就拿起电话；电话应该带给我们便利，而不是为别人而存在！在电话铃响起时，我们还是应该掌控自己的自由。我们可以继续完成手头上的工作，让电话进入语音信箱吧！

以前我总是因为接不到电话而焦虑万分。我总是认为我错过了天大的事情！我的室友在这方面表现得比我潇洒多了。他的原则是：想接的时候才接！如果不想接或者没有心情，他就继续专心做原来的事情，不受任何干扰！

我开始对室友的这份洒脱着迷，我开始尝试培养自己的"禅式"精神。我告诉自己："他们还会打过来的。"我发现，如果电话非常重要,对方是不会放弃的,他们很可能在三分钟内就会打五次。

行动指南:

立即尝试吧!不要做电话的奴隶了,好好利用语音信箱吧!

87　直面挑战：人生是一个不断升级的过程

"问题孕育解决方案，如果没有问题，我们就永远学习不到新的经验！"

——诺曼·文森特·皮尔（Norman Vincent Peale）

恭喜你，有问题是好事哦！我不是在开玩笑的！问题意味着成长的机会，有问题，我们才会寻找解决方案，我们才能从中学习经验和教训！让我们深入探讨一下这个问题吧！二十多年前，当时我开始在奥兰多的迪士尼世界工作，作为新入职的员工，公司告诉我，在迪士尼公司的字典里没有"问题"这个词语。"**我们没有问题，我们有的是挑战！**"这是迪士尼公司的口号！

列尔·里贝罗博士（Dr. Lair Ribeiro）曾经写道："问题是我们最好的朋友！"领导大师罗宾·夏玛也教育我们要把问题当作恩赐！挑战、恩赐、朋友？或三者俱是？生活不就是不断遇到问题的过程吗？

我们都会遇到问题，不同的是我们对待问题的方式！当我们开始从问题中吸取经验教训时，我们的生活就会变得更加顺利，变得更加多姿多彩！仔细回顾自己生活中的问题吧，你会发现每个问题都有其积极的一面！

其实生意上的小损失并不可怕，如果我们能从中学习经验，以后就不会遇到更大的损失了。在特别困难的时刻，我们更应该坚信生活、上帝、宇宙赐予我们问题，相信我们的能力。我们应该相信自己，这对于解决问题十分有益！

问题：
你现在的生活出现了哪些问题而且尚未找到解决方法呢？把遇到的问题全部罗列出来！
如果我们将这些问题当成挑战或机会，情况将有怎样的变化？我们的感觉又会怎样？

88　适时休息：劳逸结合才能发挥最大效率

"快捷生活会错过很多精彩的时刻；放慢脚步，享受生活吧！"

——甘地

现代人快节奏的生活充满了压力，因此，放慢生活节奏显得尤为重要。请适时休息吧！ 如果压力大了，就好好休息一段时间。亲近大自然可以给我们的身体充电！一开始我们可以在每周安排中加入放松时间。苦于没有时间的人可以重新管理你的时间。在周末完全远离网络、电视以及电子游戏，你敢吗？敢就马上开始吧！

某个假期，我在法国南部 Midi 河道租了一个屋船，那简直可以说是我最舒服的假期了！那里没有电话，没有网络，没有电视。那里的鸭子铺满了整个河道。船的最高速度不过是八千米/小时。我们"被迫"减慢了生活速度！我们惬意地漂浮在河道上，就连河道两边自行车道上骑自行车的小孩都赶超了我们，多么优哉游哉的生活啊！我们途经的村庄很小，甚至没有一家超级市场。

整个旅程最大的问题不过是:"我们哪里找食物呢?"

不要担心!这里有许多餐馆,但是我们宁可在船上自己煮东西。我们选择把食物带到河港,在那里边吃边欣赏日落,或者纯粹亲近大自然,因为这一切都太有吸引力了!某一天,我们在葡萄园享用晚餐!免费的哦,吸引人吧!同样有趣的是,我们可以在大清早前往某个微型法国村庄,我们可以在镇上唯一的面包店里购买法国长面包作为早餐!那时,我们日出就起床,日落后下两盘象棋的时间就睡觉!我觉得妻子后来的说法更加生动逼真:"我们与鸭子同作息!"

适时休息吧,经常回归大自然大有裨益!休息不一定要参加长途旅行,在树林散步,在沙滩漫步,在公园闲步都能使我们获益良多。主动争取机会亲近大自然吧,细心观察自己的感受哦!我们不妨也试试躺在公园里的板凳上或者草地上,然后凝视蔚蓝的天空!你还记得自己最近一次赤脚踩在草地上或者沙滩上是什么时候吗?现在知道适时休息有多重要了吗?知道适时休息可以放松身心了吗?知道适时休息可以给身体充电了吗?明白了吧?那你会怎么做呢?

行动指南:
给自己安排点放松时间吧!

89 仪式感：做一些特别的事情

"幸福的奥秘在于有所爱，有事做，有所期待！"
——埃尔维斯·普雷斯利（Elvis Presley）

不要让烦琐的日常和碎事在自己的生活中滋长！我明白工作很累很辛苦，但请不要把空闲的时间全部贡献给电视。我们是否可以利用晚上的时间做自己期待的事情呢？请看以下例子：

独处！

与配偶一起到大自然里散步！

泡温泉！

庆祝活动：例如庆祝获得一份好工作，庆祝家庭乐事，庆祝生活中开心的小事情，等等！

打电话跟朋友聊天！

带上某人享用美味的午餐！

收看信息！

饮酒聊天！

外出观看电影、戏剧，欣赏音乐会！

修指甲、趾甲！

在家观看电影!

观看日出,等等!

在安排日程时,记得预留一点时间给自己的特别时刻!

90　舒适区：跳出舒适区才能获得成长

> "跳出舒适区吧，你就会发现以前未接触过的、惧怕的事情都会成为生活的常态！"
>
> ——罗宾·夏玛

> "我们可以选择后退，我们更加可以选择前进！成长必须经历一次又一次选择，就像恐惧需要我们不断去克服！"
>
> ——亚伯拉罕·马斯洛（Abraham Maslow）

你是否曾经听过："**舒适区没有惊喜，跳出舒适区才能实现突破！**"但是，舒适区到底是什么鬼啊？以下比喻能很好地诠释舒适区的内涵：如果我们将一只青蛙放在一锅开水中，它肯定会立即跳出来！但是如果我们将其放在常温的锅中，然后再慢慢加热锅中的水，青蛙就不会察觉到水温的逐渐变化，它不会做出任何反应，直至死在开水中！同理，当我们处于舒适区时，我们是不会察觉到当中的危机的，我们只会越陷越深！

舒适区受现有经验的限制。处于舒适区的我们只能利用过去的经验、过去的想法以及过去的感受,而不能及时补充新的知识!处于舒适区当然快乐啊,当然舒适啊,但是我们的生活只会一成不变!处于舒适区意味着我们任由生活摆布!处于舒适区等于故步自封!只有跳出舒适区,我们才能不断成长、不断发展!如果我们总是换工作,那不如尝试创业吧!我们应该以开放的思维对待生活,如果某段关系已名存实亡,我们应该主动退出!总而言之,跳出舒适区吧!

然而,停滞不前以舒适作为诱饵吸引着我们,我们的脑袋也听之任之!有时候,我们根本不喜欢自己的工作,但是又感觉自己深陷其中,因此我们总是安慰自己:"**其实这份工作并没有那么差啊,或者下一份会更加糟糕呢!谁知道啊!**"于是,日复一日,我们坚持着无聊的工作,即使它对于我们毫无意义!由于根本不喜欢这份工作,我们星期一就盼望着星期五,即使刚度完假,我们还是不断期待假期的到来!你能想象这种度日如年的感觉吗?或者我们都应该早点听听史蒂夫•乔布斯在斯坦福大学毕业典礼上的致辞!乔布斯总利用这样一个技巧:他每天都对着镜子问自己:"**如果今天是最后一天的话,我最期待做的事情是什么?**"如果连续好几天都想不出的话,他就开始改变自己!

我们不妨也尝试一下乔布斯的技巧,即使一切都将改变也不用担心!一旦跳出舒适区探寻未知,我们就开始成长。**跳出舒适区难免会感到不舒服,难免会有点无所适从,但这是积极的信号!**

这证明我们已经开始成长，已经慢慢进步！不管惧怕和疑虑，尽管行动吧！

问题：

你打算如何挑战自己，如何跳出舒适区？（切记，不要一步登天，慢慢来！）

什么让你感到不舒服？你能处理它们吗？

91　权衡利弊：一成不变也会付出代价

"我们担心改变需要付出代价，但故步自封的损失更大！"
——比尔·克林顿（Bill Clinton）

当评估自己的状况，当想到自己要为故步自封付出的代价，我不得不强迫自己跳出舒适区！ 我知道跳出舒适区的危险，但我已经下定决心，即使会变得一无所有！离开现有的稳定工作当然危机重重，但是我已经不想再在现有的工作上挣扎。虽然世界经济处于极度低迷的时期，但固守这份工作真的就可以安然度过下半生吗？我还需要其他因素来安慰自己吗？如此工作会引起健康问题吗？兄弟，谢谢提醒，我不需要种种理由，我已经走出舒适区！从此，我不会往回看！

许多年前，当我还是墨西哥大众公司的一名实习生时，我的老板对我说："马克，我现在真的不知道怎么办！我承受着巨大的压力，就要崩溃了！但是我与德国总部签了一份三年的外派合同，如果我现在辞职的话，总部肯定笑话我，觉得我是个不折不扣的失败者！换作你，你会怎么做？"我告诉他："试想一下，健康才是最重要的，如果工作继续影响你的健康，辞职吧！如果某一天你因为心脏病发作而离世，现在为难你的人就会暗喜，他们会在葬礼上当着你妻子和孩子的面揶揄你！"

这是我的亲身经历：工作上使我爸爸难堪的人最喜欢在葬礼上伪装悼念，他们会公开致辞表达"难过"之情！现在，我时常观察生活的细微变化，我相信生活就是奇迹，事情来去总有其因果，一切都将会解决！

两个月后，身在德国的老板联系我。虽然回到德国，但他与总部并没有解除外派合同。他被重新分配到一个新的项目，工作条件也得到了大大改善！生活本身就是一个奇迹，问题时常存在，但问题总会被解决！**代价是难免的，但是我们的决定影响着代价的大小，决定着事情的结果！**

要想保持身形，我们就必须运动，这是我们需要付出的代价！相反，不运动的代价是肥胖！如果想要拥有更多时间，我们需要付出的代价是早起一小时，或者少看电视！而拖延症的代价是焦虑以及难受！因此，明智地选择"代价"吧！

问题：

你留意到自己因为一成不变付出的代价吗？

92　看淡得失：一切都是暂时的

"生活总有联系，但我们要往前看！"

——史蒂夫·乔布斯

生活的一切都是暂时的！ 所有的胜利、失败、欢乐、悲伤都会消失！今天看似很重要的事情在一个月或三个月后就会变得模糊，甚至烟消云散。三个月后，现在的大灾大难甚至可能成为我们的经验和知识！

大学毕业时，我被数不清的公司拒绝，毕业后九个多月，我依然找不到工作！每个朋友都对我投以怜悯的眼光，就连我自己都觉得自己很可怜，但在内心深处，我始终坚信**拒绝是因为有更好的在等待我**！于是，我找到了一份在西班牙的工作！西班牙有全世界最漂亮的城市。西班牙不仅文化底蕴深厚，还有数不清的海滩。西班牙气候宜人；西班牙拥有优秀的足球队；西班牙年日照量达到300多天（这对于当时的我十分重要）！朋友由怜悯转为羡慕！在他们眼中，以前"可怜的马克"已经消失，他们都诅咒我是"幸运的杂种"！以轻松的心态面对生活，以清醒的态度对待生活的不幸，一切都会过去的！就像拉迪亚德·吉卜林（Rudyard Kipling）在《如果》这首震撼的诗中所说：

"漫漫人生路，我们总会遇到成功，也总会遇到失败；我们应该以同样的态度对待它们，因为它们都只是过眼云烟；我们的一切都会归于时空，时空的一切都会影响我们；记住，我们就是自己的主人！"

把全部精力放在自己想要得到的事情上，怀着目标向前冲！还记得这个俗语吗？"六个月后，我们自然会对过去一笑置之！"**那为什么不现在就放下呢？**这句话使我轻松放下了压在心头的国际商务课程。为了通过这门课程，我曾在考试前的多个夜晚"浴血奋战"。我尤其记得考试前的几个小时，也就是考试当天的凌晨三点，那时我正在朋友佐治的宿舍，我已经被考试压得透不过气来了，几近崩溃（因为考试不合格意味着我要自动离校，或者更严重地说，我要被扔出学校）。此时，佐治异常开朗，他总是笑着说道："马克，**六个月后我们将会耻笑自己今晚的所作所为！**"是的，即使在二十年后的今天，我们依然耻笑当初的较真！尝试一下这个技巧吧！我相信对你也是十分奏效的！

行动指南：

回想一下自己曾经遇到过的困难吧。你是如何克服当初的挫折的？你试过从中吸取积极的经验吗？

整理自己的人生：

回顾一下自己的人生，从出生到现在发生了哪些重大事件，哪些时刻改变了自己的生活？请画一个时间轴！

请把重要的时刻以及成功写在时间轴的上面！

请把挑战、悲伤、失败写在时间轴的下面！

请分析时间轴下面的事件，将他们的益处写在时间轴的上面。（例如，身边亲近的人离世了。积极的影响就是我们更加珍惜生活了！又或者被辞退了。积极的影响是上帝为我们打开了另一扇门，或者我们可以找到更好的工作！）

仔细观察自己的时间轴！

93　寻找导师：成功需要引路人

"好好开发自己的能力吧……因为这也是我们唯一拥有的。"
——拉尔夫·沃尔多·爱默生

当今经济发展迅猛，人生导师变得越来越寻常，越来越多的个人聘请私人导师指导自己的人生！许多人觉得出现问题了才需要请人生导师，这样的观念是错误的！有许多领导家，如埃里克·施密特（Eric Schmidt），他们接受指导是因为他们想变得更好。或者，他们聘请导师是因为他们把导师当作中立客观的伙伴。有了导师，他们就可以反复嚼磨自己的想法，而不至于偏离实际。

人生导师可以指引我们清楚掌握自己的人生目标和追求；人生导师可以鼓励我们不断前进，特别是在正常停滞期；人生导师可以帮助我们设定更合适的目标，使我们能有更大的收获；人生导师可以帮助我们以最快的速度、最简便的方式实现目的；人生导师可以帮助我们有效地克服困难以及与他人实现有效的沟通；人生导师可以帮助我们以更快的速度实现个人成长、克服陋习、寻找人生真谛；人生导师可以帮助我们坚持自己的价值观，不畏世俗！在接受培训的过程中，我们学习为自己生命中的一切一切承担责任，因此我们能够做出最理想的决定！

培训通常能取得理想的效果，因为在培训的过程中，我们与导师成为联合体，我们可以集中导师和自己的力量，因此实现目标的机会更大，成绩也肯定比独自一人作战更加骄人！在导师的指引下，我们更加敢做敢想；在导师的督促下，我们更容易把事情做好！导师能够指导我们做出更准确的决定，导师能够指引我们设立最合适的目标，导师能够帮助我们重塑事业以及个人生活，从而使我们的效率最大化！导师的优势在于他能够发掘我们的潜力！导师掌握激励方法，他可以提高我们的自信心，尽管成功的路上荆棘满布，但导师可以不断地鼓励我们前进！培训时间是规律的，通常是每周一次。培训的形式包括电话或者面对面。培训的时间通常是 30 至 60 分钟。

在每一次培训中，导师可以帮助我们实现目标，当然我们也需要全身心投入来配合导师！在培训中，我们通常为下一阶段罗列一些可能性，并据此做出相应的行动计划。导师不仅帮助学员实现目标，他还可以引导学员实现自我发展！

除了指导学员的人生方向及目标，导师通常还提供一些额外的战略性课程。通过这些培训，导师和学员可以互相了解，我们就可以知道是不是互相适合。直觉和眼缘能决定导师与学员的关系！但是，我们不要将全部希望寄托在培训上，培训并不能保证我们获得成功。成功的关键在于自己的思想和行动！但也不要灰心，根据我的经验，只要学员认真参加培训课程，全心全意投入到培训当中，认真负责地完成属于自己的工作，他们最终就能获得成功！

94　尽情挥洒：别让自己的人生留下遗憾

我们总是沉醉于时间的海洋里，却不知生命是有限的。我们总是忙于追逐惊天动地的幸福，却忘记了生活中细碎的美好！你是否想过我们应该要好好照顾自己，我们应该运动健身，我们应该不断汲取新的知识，我们应该从事自己喜欢的事情，我们应该多陪陪家人？我们总是难以决定重要的事情，于是一拖再拖！不要等待明天的到来，不要等待下个星期开始，不要等待下个月启程！不要等自己中了彩票才开始，不要等找到了更好的工作才决定，不要等下个项目结束才觉悟！这些只不过是我们搪塞自己的借口罢了！马上行动吧！

是的，我知道大家都很忙，我们有太多事情要处理。我们总是告诉自己现在没有时间！很多人甚至到死神降临的那一刻才知道自己虚度一生，回头再看，竟不知道自己人生的意义何在。不要等到垂暮的时候才觉悟！澳大利亚的布朗尼·维尔（Bronnie Ware）是一位负责陪护临死病人的护士，她发现人之将死有五大后悔。

如果生命可以倒退，我希望我拥有足够的勇气为自己而活，而不是活在别人的期望下。

如果生命可以倒退，我希望我劳逸结合。

如果生命可以倒退，我希望我有足够的勇气抒发自己的感受。

如果生命可以倒退，我希望我可以时常与朋友联系和相聚。

如果生命可以倒退，我希望自己可以放轻松点、开心点。

不要再浪费光阴了，尽情拼搏、尽情挥洒吧！现在马上开始吧！记住失败只不过是行动的反馈，问题只不过是成长的机会！从事自己喜欢的事情吧！不要再拖拖拉拉了！不要与生命搏斗！让惬意的人生像风帆一样随风前进吧！正如保罗·戈埃罗所说："终有一天，我们会醒悟过来，但那时候我们的生命已接近尽头，我们再没有足够的时间做自己梦寐以求的事情，唯有悲痛悔恨！因此，现在马上行动吧！"

伟大的史蒂夫·乔布斯也曾经说过：

"我总是使自己相信：我很快便会离世，于是我能够为人生做出及时的重大选择，这是我人生的法宝。我们在乎的一切一切，如外部追求、荣誉、恐惧以及失败都会随生命的终结而消失，只有价值会永垂不朽！人生得失总有时，只要想起死亡，便无比释然。我们终将裸露于世人的目光下，那我们还惧怕什么呢？尽管随心吧！诚然，没有人愿意选择死亡，那些祈求自己日后能上天堂的人也只不过是求生的凡人罢了。然而，人终将一死！没有人能逃过死亡，这就是生命，也是人生的巧妙之处！死亡能够改变人类对于生命的态度！死亡能使人类不断繁衍及进步！"

每天寻找新的机会，因为机会能够使我们不断接近自己的目标，因此每一天都是对最终目标的贡献。不要让机会溜走！**改变人生不是几个月或是几年的事情，莫问时间，莫问前程，一步一个脚印，日复一日，不断前进！因此，现在就开始吧！**行动就有希望，坚持下来，我们甚至可以预期数月或数年后的变化！

现在就马上行动吧！不要待到小孩长大，不要待到下个项目结束，不要待到买了新车，不要待到搬进新屋，不要待到找到更好的工作……不要待到年华逝去，追悔莫及！不要再说没有时间了，检查一下时间安排吧，我们可能只是把大量时间用于看电视而已，我们可能只是花费大量时间看游戏视频而已，我们可能只是把时间浪费在泡吧饮酒上而已……

现在就开始做自己梦寐以求的事情吧！开始好好计划吧！

把自己梦想做的五件事情写下来，并注明实施日期：

1._____ 日期：_____

2._____ 日期：_____

3._____ 日期：_____

4._____ 日期：_____

5._____ 日期：_____